U0934897

Jung's Map of the Soul

荣格的心灵地图

[瑞士]莫瑞·斯坦 著
傅宗梅 译 杨韶刚 审校

GUANGXI NORMAL UNIVERSITY PRESS
广西师范大学出版社
·桂林·

荣格的心灵地图
RONGGE DE XINLING DITU

著作权合同登记号桂图登字：20-2023-071 号

图书在版编目（CIP）数据

荣格的心灵地图 / （瑞士）莫瑞·斯坦著；傅宗梅译. --桂林：广西师范大学出版社，2023.9
书名原文: Jung' s Map of the Soul
ISBN 978-7-5598-6224-2

Ⅰ. ①荣… Ⅱ. ①莫… ②傅… Ⅲ. ①荣格(Jung，Carl Gustav 1875-1961)一分析心理学 Ⅳ. ①B84-065

中国国家版本馆 CIP 数据核字（2023）第 136347 号

广西师范大学出版社出版发行
（广西桂林市五里店路 9 号　邮政编码：541004
网址：http://www.bbtpress.com）
出版人：黄轩庄
全国新华书店经销
北京汇瑞嘉合文化发展有限公司印刷
（北京市北京经济技术开发区荣华南路 10 号院 5 号楼 1501
邮政编码：100176）
开本：889 mm × 1 194 mm　1/32
印张：8.75　　字数：190 千
2023 年 9 月第 1 版　　2023 年 9 月第 1 次印刷
定价：58.00 元

献给莎拉和克里斯托弗

致　谢

本书得以付梓，首先要感谢林恩·沃尔特（Lynne Walter），感谢她耐心协助我打字并进行文本编辑，感谢她持续不懈的无私奉献和积极乐观的生活态度。还要感谢简·马兰（Jan Marlan）的鼓励和热情支持。那些多年来参加我讲座的听众，也为本书的出版做出了重要贡献，如果没有你们的提问和意见，这些细节就不会出现在本书中。谢谢所有人！

引　言

你可以小心翼翼地
沿着非洲海岸南行探索，
但往西走除了恐惧和未知，
别无他物。
那不是“我们熟悉的海”，
而是一片神秘之海，未知之海。

——卡洛斯·富恩特斯《被埋葬的镜子》

荣格去世的那个夏天，我正准备上大学。那是1961年，人类开始了探索外太空的登月竞赛。人们都在观望到底是美国人还是苏联人会首先到达月球，所有的目光都聚焦在太空探索这一伟大冒险上。人类有史以来第一次成功地离开了地球，向其他星球进发。当时的我并未意识到，我们这个世纪的成就也包括对内心世界的探索，即那些像卡尔·荣格那样的人在人造卫星和阿波罗号飞船登上月球之前的几十年里，对内心世界进行的伟大探索。对我们来说，约翰·格伦和尼尔·阿姆斯特朗是外太空探险家，而荣格则是一位勇敢的内在空间未知领域的探索者。

荣格于苏黎世郊外的家中安详去世，那是一个往西朝向平静湖水、往南可以看到阿尔卑斯山的房间。去世前一天，他在儿子的帮助下走到窗前，平生最后一次注视他所钟爱的群山。荣格花了一生的时间探索内在空间并将其发现付诸笔端。巧的是，就在尼尔·阿姆斯特朗登月的同一年，我踏上了前往瑞士苏黎世荣格学院学习的旅程。我在本书中分享的正是近30年来研究荣格的心灵地图的精华。

本书旨在以荣格已出版的著作为基础来描述他的研究心得。初次发现荣格就像是潜入富恩特斯在描述早期探险家从西班牙横渡大西洋时提到的那一片“神秘之海”。独自航行到如此遥远的地方，令人既兴奋又惶恐。我还记得自己最初的几次尝试，那时我对前景兴奋不已，因而急切地向我的几位大学教授请教，尽管我不知这是否“安全”。在我看来，荣格太有魅力了，他似乎好得令人难以置信！我会迷失、困惑、误入歧途吗？幸运的是，这些导师认为我可以继续前行，从那以后我就踏上了寻宝的旅程。

荣格最初的经历更是让人胆战心惊。他完全不确定是会找到宝藏，还是会从世界的边缘滑落至外太空。初次走进无意识世界，他面对的的确是一片神秘之海。但那时年轻而勇敢的荣格下定决心要有新的发现。于是，他扬帆起航了。

荣格经常把自己当作人类灵魂未知奥秘的先驱者和探索者。他看起来具有冒险精神。其实，人类心灵对他以及对我们来说都一样，是一片广阔无垠的领域，彼时这方面的研究还不多。对冒险家而言，这是一个谜，前方是隐含着丰富发现的挑战；对胆小者而言，前方是可怖的令人精神失常的威胁。在荣格看来，心灵研究已成为具有重大历史意义的事情。因为，正如他曾说过的那样，整个世界悬于一线，这根线就是人类的心灵。重要的是，我们大家都应该对它更加熟悉。

当然，随之而来的重要问题是：人类的心灵能否为人所知，它的深度能否被测量，它的广度能否被绘制？19世纪留下来的一些宏大的科学理论，也许曾经引导深度心理学早期的先驱者们——如荣格、弗洛伊德和阿德勒——在这方面付出努力，使他们以为自己可以界定无法言喻且不可思议的人类心灵。他们的确进入了这片神秘之海，而且荣格成为探索内心世界的克里斯托弗·哥伦布。20世纪是一个充满了各种科学突破和技术奇迹的时代，也是一个需要深刻反省和探索我们共同的人类主体性的时代，今天大家熟知的深度心理学这个领域便由此应运而生。

了解心灵的方法之一是研究这些伟大拓荒者绘制的心灵地图。在这些作品中，我们可以找到许多线索，或许我们也会受到启发，进行更深入的研究并获得新的发现。荣格的心灵地图，如同所有初次描绘未知的尝试一样，是粗糙的、未经修饰的、开放的，但对于那些想要进入内在空间，走进心灵世界，而又不欲彻底迷失方向的人来说，仍是巨大的恩赐。

本书将荣格当作他自封的探险家和地图绘制者，以这种意象来指导我展示对其人类心灵理论的介绍。心灵是疆土，是他探索的未知领域；他的理论就是自己绘制的一幅用以传达其对心灵理解的地图。所以在本书中，我将借助荣格的心灵地图，引导读者走进并遍览其作品。在此过程中，我展示了一幅关于地图的地图，希望这幅地图能对你们深入了解荣格的生活和工作有所助益。

像所有的地图绘制者一样，荣格借助了当时可用的工具和证据。他生于1875年，1900年在瑞士巴塞尔大学完成了基础医学学习，1905年在苏黎世伯格尔茨利精神病院完成了精神病学训练。荣格与弗洛伊德的重要联系始于1907年，一直延续到1913年，之后他花了几年时间进行深入的自我分析，形成了自己独特的心理学理论——分析心理学，这是他在1921年出版的《心理类型》一书中提出来的。[1]1930年，荣格55岁，他的理论风格已经基本形成，但仍有若干重要内容还未详细阐述。这些细节在1930年以后才逐渐发表，而且直到1961年去世，荣格仍持续不断地将这些细节诉诸笔端。

荣格在青年时期就开始以科学的方式探究人类心灵。他的首次正式探索在其博士论文《论所谓神秘现象的心理学和病理学》（*On the Psychology and Pathology of So-Called Occult Phenomena*）中有所描述。[2]这篇论文从心理学角度描述了一位天赋异禀的年轻女子的内心世界，我们现在知道她其实是荣格的表妹海伦妮·普莱斯韦克（Helene Preiswerk）。海伦在十几岁的时候就有一种非同寻常的能力，她可以做灵媒，即亡灵会通过她用非常准确的原声和腔调讲话。荣格对此大为着迷，开始着手理解和解释这一令人困惑的心理现象。接着，他使用了词语联想测验来揭示之前尚未分类的心灵景观的隐藏特征。这些成果发表在多篇论文中，现收录于《荣格全集》第二卷。他将这些新发现的无意识特征命名为“情结”（complexes），这个词语一直被沿用至今，荣格也由此声名鹊起。此后，他又开始研究精神病和精神分裂症这两个在当时炙手可热的精神病学问题，写出了《早发性痴呆①心理学》（*The Psychology of Dementia Praecox*）这本书。他将这本书作为自己的代表作寄给弗洛伊德[3]，以此建议如何将弗洛伊德的一些思想应用于精神病学领域。在得到弗洛伊德热情洋溢的回应后，他与弗洛伊德建立了专业上的联系，并迅速成为新兴的精神分析运动的领袖。在此基础上，他开始涉足神经症状态这个幽深晦暗的区域，最终在他称之为“集体无意识”（collective unconscious）的深度心理学领域发现了几乎亘古不变的普遍幻想和行为模式（原型）。对原型和集体无意识的描述与详细说明，是区分荣格地图与其他所有探索深度心理（无意识）的人绘制的地图的标志。

荣格的职业生涯以1930年为界一分为二：1900年，他开始在伯格尔茨利精神病院受训并从事精神病学研究；1961年，这位智慧老人在苏黎世湖畔的库斯纳赫特的家中去世。回顾过去，我们可以看到荣格在最初30年的职业生涯是极富创造性的。在此期间，他对自

① “早发性痴呆”现在改名为“精神分裂症”。——译者注

己里程碑似的心理学理论提出了一些基本要素，设法解决了当时重大的集体议题。在后30年中，新的理论建构创新可能较少，但产出的书籍和文章甚至比之前更好。这是一段推进和验证早期假设和直觉的岁月。他将自己的理论进一步延伸到历史、文化和宗教领域，建立了与现代物理学的联系。对精神病人和分析对象的临床研究在荣格职业生涯的前半段耗费了其更多心力；1940年后这种情况逐渐降至最低程度，因为战争打断了欧洲正常的集体生活，而荣格本人也在开战后不久患上了心脏病。

荣格对心灵的研究是高度个人化的。他不仅探索病人和实验对象的无意识心理，也进行自我分析。有一段时间，他的主要研究对象就是自己。通过仔细观察自己的梦和发展积极想象技术，他找到了一个深入内心世界隐秘地带的方法。为了解病人和自己，他提出了一种解释方法，这种方法借鉴了文化、神话和宗教的比较研究；事实上，他使用了世界历史上所有与心理过程有关的材料。他把这种方法称为“扩充”或“放大”。

人们至今都还没有详细弄清楚荣格思想的诸多来源。他在作品中承认自己受惠于许多早期思想家，其中包括歌德、康德、叔本华、卡洛斯、哈特曼、尼采。最重要的是，他把自己置于古代诺斯替教徒和中世纪炼金术士的谱系中。他追随哲学家康德。黑格尔辩证法在其理论形成中的影响显而易见，同时弗洛伊德也留下了印记。荣格的理论在其多年的职业生涯中不断成长发展，不过，其基本思想方向有着显著的连续性。部分读者发现，荣格后来发展出的心理学理论，早已在学校的兄弟会发表的论文中，明显埋下了种子，这些论文写于1900年之前——当时他还是巴塞尔大学的一名本科生——后来以《措芬根讲座》（*The Zofingia Lectures*）的形式发表。历史学家亨利·埃伦伯格（Henri Ellenberger）甚至声称：“荣格分析心理学的生发细胞，可以在他对措芬根学生会的讨论中找到，也可以在他与年轻的灵媒表妹海伦妮·普莱斯韦克的实验中找到。”[4]《措芬根讲座》展示了荣格对贯穿他一生的议题的早期努力，例如将宗教和神秘体验置于科学实证研究之下。在年轻的时候，荣格就认为，这些主题应该以开放的心态向实证研究敞开。1909年，他在克拉克大学与威廉·詹姆斯相遇是一个高潮，因为詹姆斯正是使用这种方法，采用同样的立场，完成了其经典之作《宗教经验之种种》（*Varieties of Religious Experience*）。

于是，荣格便根据这些研究和经历，绘制出了人类的心灵地图。这是一幅描述心灵各个维度，也试图解释心灵内部动力的地图。但荣格总是小心翼翼地尊重心灵的终极奥秘。他的理论可以被解读为心灵地图，但并不是一幅能用理性的术语和范畴来掌握的神秘地图，而是一幅活生生的、变幻莫测的心灵地图。

在阅读荣格时还需要记住，地图并不是领土。对地图的了解和对心灵深处的体验是不一样的。对那些需要定向和指导的人来说，地图充其量是一个有用的工具。对某些迷路的人来说，它甚至成了救命稻草。对另一部分人来说，地图则会激发他们强烈的欲望去体验荣格所说的。我第一次读到荣格时就开始记录我的梦。后来，我甚至来到苏黎世，在荣格学院学习了4年。通过对潜意识的分析和个人体验，我对荣格的许多发现有了亲身了解。然而，我的内心世界和荣格并不完全相同。他的地图可以指明道路和大致轮廓，但不提供具体内容。这必须靠读者自己去发现。

地图的许多特征依赖的是荣格的科学直觉和极其活跃的想象力。例如，那个时代的科学方法既不能证实也不能证伪他对于集体无意识的假说。今天，我们离实现这一目标更近了一步。荣格是一位利用自己的创造性思想去塑造内在心灵世界之图画的艺术家。他绘制的地图是华丽的，而不仅仅是抽象的，就像古代和文艺复兴时期——在制图成为科学之前——绘制精美的地图一样。在这里你既可以找到美人鱼和龙，又可以找到英雄与恶人。当然，作为一名科学研究者，他不得不以实证的方式检验自己的直觉和假设，但这仍然为神话想象留下了足够空间。

荣格从事的领域是精神病学，有时他也将其称为医学心理学。他早年在苏黎世伯格尔茨利精神病院见习时的首席导师是瑞士著名精神病学家尤金·布勒伊勒（Eugen Bleuler）。正是这位导师发明了“精神分裂症”一词，用来指一种最严重的精神疾病并写了大量关于矛盾心理问题的文章。荣格尽量从个人直接体验以外的来源为其理论和假设寻找依据和证明。他的阅读和研究范围很广。他声称，作为一个心灵的实证研究者，他正在绘制的地图不仅描述了他自己的内心世界，也反映了人类心灵的普遍特征。如同其他伟大的艺术家一样，他的画作拥有与不同时代、不同文化的人对话的力量。

我认为，荣格这位瑞士心理学家的名字在今天广为人知，备受推崇，他的著作却往往并没有得到仔细阅读，还常常被批评前后不一、自相矛盾。实际上，荣格提出了一套连贯的心理学理论。在我看来，这是一幅三维地图，显示了心理的各个层次以及层次之间的动态关系。这是一件自洽的艺术品，对一部分人很有吸引力。它的假定前提被设置为一些科学命题，然而其中许多命题极难通过实证来证实或证伪。这方面的重要工作仍在进行中，无论结果如何，荣格的作品都将继续吸引人们的关注和敬仰。尽管地图可能会随着时代的进步和方法论的改变而不再适宜，但艺术作品本身永不过时。

用一本简短的书描述荣格的心灵地图并不是一件创举，其他人，尤其是乔兰德·雅各比（Jolande Jacobi）和弗里达·福德汉姆（Frieda Fordham）已经出版过类似的介绍性书籍。本书的新颖之处，在于强调荣格理论内部的整体一致性及这些理论彼此之间微妙的内在联系。他在提出该理论时，常常是这里说一点，那里说一点，其实所有的作品都源于一个统一的视野——我认为这也是对心灵的超凡洞见，尽管不太明显。也正因为如此，从早期对荣格理论的介绍至今，已过去了相当长时间，现在时机已经成熟，是时候进行新的介绍了。

我的目的是要说明，虽然荣格的地图中确实存在分歧和不一致的地方，但一个更深刻的潜在统一的视野的存在，远比在逻辑精确性方面的偶尔失误更加重要。写作本书，我意不在梳理荣格思想的发展，也不打算详尽考察其在心理治疗和分析中的实际应用，而是揭示潜藏在荣格全部著作的大量评论和细节之下的思想统一性。希望细心的读者能从本书中领会荣格分析心理学理论的总体脉络，对最重要的细节有所把握，以及明白这些内容如何被归属到一个整体。

我认为，荣格对心灵的描述之所以具有显著的统一性，是因为他的思想并不是从实证方法论中发展出来的。荣格是一个追随柏拉图和叔本华等旧时代哲学家风格的直觉型创意思想家。他从当时已有的科学和学术思想中创造出心灵地图并赋予这些思想以独特的意义。与其说他提出了一些激进的新概念，倒不如说他从普遍已有的内容中塑造出了一个崭新而又独特的模式。就像一位伟大的传统绘画艺术家一样，利用现有的图像和材料，以完全相同的元素组合，创造出前所未见的新事物。

荣格同迈斯特·埃克哈特、波墨、布莱克、爱默生一样，富有远见卓识。他的许多重要直觉都来自梦境、幻象和积极想象中的超凡体验。荣格在自传中公开承认，“心灵现实”的主要导师是在梦中第一次出现、随后在积极想象中与他交往数年的斐乐蒙。[5]荣格理论的根本来源是心灵的直接体验，这可以解释其深层的内在统一性和自我一致性。

荣格也是一位敬业专注的科学家，这使得他的著作有别于诗人和神秘主义者的作品。他以科学的方法工作，意味着他的工作要对科学界负责并接受实证检验。他的幻象、直觉和内心领悟不只是基于其自身的价值，更是与人类普遍经历的证据相对照。荣格对科学和实证的强烈需求，说明了他的理论拥有不偏不倚的长处，因为他本可以通过纯粹的理智和想象力，让这些粗糙的部分变得更加平滑。经验世界——人们所体验到的生活——常常是凌乱的，不符合人类思想和想象的条条框框。因为荣格既是一位有远见卓识的直觉型思想家，又是实证主义科学家，因此他对人类心灵地图的描绘虽然是连贯一致的，但也只是一个囿于自洽的松散系统。

我一直欣赏荣格作品并持续阅读超过25年的原因之一，是他并不强迫性地要求前后一致。当我研究诸如蒂利希或黑格尔这样真正系统性的思想家时，他们那钢铁般的思想总是让我感到不适。他们的思想于我而言太有条理了。生活的杂乱和趣味在哪里呢？这使我从艺术家和诗人，而不是主要从哲学家和神学家那里寻找智慧。我对严苛的体系持怀疑态度，对我来说，他们太偏执了。荣格的作品从未以这种方式影响过我。

在阅读荣格的著作时，我总能感受到他对人类心灵奥秘的深深敬意，这种态度让视野不断扩大，他的地图使心灵远景得以开阔，而不是封闭。我希望能把这种印象传达给你们，我的读者。

这是一本入门性的书籍。虽然我确实希望，即使深谙荣格心理学的学者们也能从阅读本书中获益，但我真正的读者是那些想知道荣格说了什么，又还未找到合适途径走进他的鸿篇巨制和复杂思想的人。本书的每一章聚焦其理论的一个主题。我从《荣格全集》中挑选了一些特定的段落来展示这幅地图。积极勤奋的读者可以在以后闲暇时查阅这些文献。希望我以文本为中心的介绍可以友好地邀请诸位沉浸在原始的一手资料中，面对挑战，梳理荣格著作中偶尔晦涩的意义并反思其含义。

挑选这些文献是我个人的选择。当然也可能引用了其他同样有价值的文本。我试图从荣格的作品中选择最清晰、最有代表性的文章和段落，以表明他的远见卓识在本质上的一致性。荣格的心灵地图是智识、观察和创造性直觉的巨大成就。很少有现代思想家能与这些伟大的作品相提并论，它们被收录在十八卷的《荣格全集》、三卷《书信集》、各种访谈录、随笔，以及他的自传（与安尼拉·雅菲合著）中。在这些汗牛充栋的材料中，我选择了他的理论中最重要的主题，而忽略了那些与文化、历史和宗教的分析实践和解释有关的主题。

回到我之前问过的问题：荣格的作品中真的存在一个体系吗？他是一个系统的思想家吗？答案可能是谨慎的肯定。他的理论是前后一致的，就像在瑞士，虽然人们说着4种不同的语言，但瑞士仍是一个统一的国家。荣格的理论体系尽管各个部分看起来好像可以独立运行，但整个系统仍是紧密相连的。荣格并不像哲学家那样以基本前提为基础，确保理论的各部分毫无矛盾地组合在一起并对其进行系统思考。他自称经验科学家，因此他的理论与经验世界的无序性是吻合的。作为一个直觉型思想家，他会提出一些宏大的概念并在细节上加以阐述，然后又继续研究其他的宏大概念。荣格经常回溯，自我重复，边走边填补空白。这种特质使得阅读他的作品困难重重，必须对他的所有作品都了解才行。如果你在一段时间内或多或少随机地阅读他的作品，你会开始怀疑这些碎片在荣格自己的脑海中是如何契合在一起的，或许只有在读完他的全部作品并思索很长时间之后，你才能揭晓答案。

我想，荣格感觉到自己必须耐心地研究相当长时间，通过临床工作和亲身体验，意识到心灵的深邃和遥远后，才能负责任地表述对于人类心灵的超凡洞见。他并不急于求成，常常推迟多年才发表成果，在此期间则努力在学术界建立能够支持他思想的结构。在试图全面理解这一洞见时，我们必须牢记，荣格曾花60多年的时间来打磨研究成果。我们不应在这样一部庞大且与经验现实相适应的作品中，过度地执着于始终保持精确一致。

荣格在苏黎世的学生讲了一个与此有关的故事。有一次，有人批评他在某个理论观点上前后不一致，荣格回答说：“我的眼睛盯着中央的火，我正试图在它周围装上几面镜子，以便让别人看到。有时这些镜子衔接的边缘会留下缝隙，不能完全贴合在一起。没办法。看看我想表达的是什么吧！”

本书的任务是尽可能准确地描述荣格在这些镜子里展示的内容。这种心灵洞见支撑了我们这一代无数人，或许还会在可预见的未来持续支撑。最重要的是，他的著作为我们呈现了人类心灵这个伟大奥秘的种种意象。

【目　录】

第一章　表层（自我-意识）

我将从荣格对人类意识及其最核心特征——自我——的描述开始，展开其心灵地图。“自我”（ego）是一个专业术语，起源于拉丁文，意思是“我”（I）。意识是一种觉醒状态，核心即“我”。这是一个显而易见的出发点，而且是我们称之为心灵的这个广阔内在空间的入口。它（自我）也是心灵的复杂特征之一，至今仍存有诸多疑问和未解之谜。

在心灵这片土地上，虽然荣格更感兴趣的是发现埋藏在意识底下的内容，但他也承担了描述和解释人类意识的任务。他要想绘制一幅完整的心灵地图，这一点就是无法回避的：自我意识是他所探索的那个领域的首要特征。荣格并不是真正意义上的自我心理学家，但他的确给自我赋予了社会价值。他阐释了自我的功能，认识到拥有强大的意识对人类生活的未来和文化至关重要。此外，他敏锐地觉察到，自我意识本身就是心理学研究的先决条件和工具。作为人类，我们对任何事物的认识都是由意识的能力和局限性所决定的。因此，研究意识，就意味着直接关注人们用于心理学研究和探索的工具。

为什么尤其是在心理学上，理解自我意识的本质如此重要呢？这是因为人们需要对曲解进行调整。荣格曾说过，每一种心理学都是一种个人的自白。[1]每一个富有创造力的心理学家都会受限于其个人偏见和未经审视的假设。甚至那些最认真、最诚恳的研究者认为似乎真实的东西，也不一定都是准确的知识。在人类社会中，许多被当作知识传播的内容，在经过更仔细严格的审视后，不过是一些基于曲解、偏袒、传闻、猜测或纯粹幻想的偏见或信念。信念作为知识传递并被当作可靠而确定的事物。“我信故我知。”圣·奥古斯丁的这句名言，在今天的现代人听来可能奇怪，然而在人们谈论心理现实时，却常常如此。通过批判性地审视他用来探索发现的工具，荣格试图严肃地考察自己的思维基础。他强调，审慎地理解意识，对科学而言是必不可少的。对心灵的准确理解，或者对其他任何事物的准确理解，都取决于一个人的意识状态。荣格希望对意识提供一种审慎的理解。这是他撰写其重要著作《心理类型》的主要目的，这本书描述了人类意识的8种认知风格，以及这些风格在区分人类意识、处理信息和生活经验上的不同。

自我与意识的关系

在已出版的著作中，荣格撰写了大量关于自我意识的内容。本章旨在讨论其晚期作品《爱翁》（*Aion*）的第一章《自我》，以及其他相关的文本和段落。这些内容充分概括了他的立场，体现了他对这个主题的成熟思考。同时，我将在本章结尾参考《心理类型》一书的部分资料。

《爱翁》可以从多个不同的层面解读。作为荣格的晚期作品，《爱翁》反映了他对西方思想史、宗教史以及未来的深刻洞察，也反映了他对自性（self）原型最为详尽的思考。该书前四章是后来增加的，目的是为新读者介绍荣格的一般心理学理论，为理解分析心理学词汇提供一个切入点。虽然这些导读并不详细，也不是特别专业，但确实包含了荣格对自我、阴影、阿尼玛、阿尼姆斯和自性这些心灵结构的最精要的讨论。

荣格对“自我”的定义如下：“可以说自我是意识场域的中心；而且就其构成了经验人格而言，自我是所有个人意识行为的主体。”[2]意识是一个“场域”，而且荣格在此处说的“经验人格”就是我们觉察到的、亲身体验到的人格。自我作为“一切个人意识行为的主体”，占据了这个场域的中心。“自我”一词指的是一个人对作为意志、欲望、反思和行动中心的自身的体验。自我作为意识中心的定义贯穿于荣格的所有作品之中。

接着，荣格对自我在心灵中的功能继续评论道：“心灵内容与自我的关系形成了意识的标准，因为，除非由一个主体表征出来，否则这些内容就不属于意识。”[3]自我是一个可以“表征”心灵内容的“主体”。它就像一面镜子。此外，与自我的联系是使任何事物——情感、思想、知觉或幻想——成为意识的必要条件。自我是一面镜子，透过自我这面镜子，心灵得以照见并觉察自己。心灵内容被自我掌握和反映出来的程度，就是它归属于意识领域的程度。一个心灵内容如果只是被模糊或轻微地意识到，它就还没有被捕获，也没有把它置于自我的反思层面。

在对自我做了这种界定之后，荣格在后文中对心灵的意识和无意识特征做了关键区分：意识就是我们所知道的内容，而无意识则是所有我们不知道的东西。在另一篇大约写于同一时期的文章中，他把这一点说得更为精确：“无意识并不是简单的未知，而是心灵层面的未知；我们把它定义为……我们体内所有的那些一旦进入意识，便几乎在任何方面与已知的心灵内容没有任何区别的事物。”[4]正如在所有的深度心理学中一样，在荣格关于心灵的一般性理论中，意识和无意识的区分都是基本的：它假定某些内容由自我反映出来并被保存在意识中，在意识中它们才能得到进一步审查和操控，而其他的心灵内容则要么暂时，要么永久地处于意识之外。无意识则蕴涵了不管因何原因，也不管会持续多久的所有待在意识以外的心灵内容。实际上，这是一片广袤的心灵世界。无意识是深度心理学的主要研究领域，是荣格最热衷于探讨的兴趣所在。不过他后来的兴趣更广泛了。

荣格在其著作中经常将自我称为“情结”，这个术语将在下一章中详细讨论。不过，在《爱翁》中，他只是简单地称自我为意识的特殊内容，以此说明意识不仅仅包含自我，还包含着比自我更广阔的范畴。

在这个既包括自我，又以自我为中心的场域中，意识本身究竟是什么呢？简而言之，意识就是觉知。它是一种清醒的状态，一种观察与记录周遭和内在世界正在发生的事情的状态。当然，人类并不是地球上唯一有意识的生物。其他动物也有意识，因为很明显它们也可以仔细观察环境并对其做出调节性的反应。植物对环境的敏感性也可以看作是意识的一种形式。意识并没有借此而将人类与其他生命形式区分开来。意识也不是把成人与婴孩区分开来的某种东西。严格来讲，人类的意识就其本质而言并不取决于年龄或心理发展。一位目睹女儿出生过程的朋友告诉我，在胎盘剥离、女儿的眼睛被清洗干净后，她睁开双眼环顾四周的那一刻，他是多么感动。这显然是一种意识的迹象。眼睛是意识存在的标志，它的活力和运动就是某种有觉知的存在正在观察世界的信号。当然，意识不仅依赖于视觉，也依赖于其他感觉。在眼睛有视觉功能之前，子宫里的胎儿就能感知到声音，对声音和音乐做出回应，并且表现出相当程度的反应能力。我们还不知道胚胎到底是什么时候开始具备了一种绝对可以称为意识的觉察和反应能力，不过可以确定，肯定是在孕早期。

与意识相对的是完全缺乏反应能力和感觉意识的深度无梦睡眠。除了长期昏迷，身体永久失去意识实际上就是死亡。意识，即使只是未来意识的潜能，也是“生命要素”：它属于有生命的身体。

对意识而言，发展就是增加特定的内容。理论上，人类意识可以从其内容——思想、记忆、身份、幻想、情绪、意象和充斥其间的文字——中分离出来。但在实践中，这几乎是不可能的。事实上，似乎只有高级的“精神专家”才能令人信服地做出这种分离。凡是能够将意识与内容区分开来并使之保持分离状态的人，那才真是一个圣人，他的意识不是通过对特定思想和意象的认同来界定的。对大多数人来说，没有稳定的对象作为基础的意识似乎是非常短暂和虚幻的。意识的实体性和坚实感通常由稳定的对象和内容提供，如意象、记忆和思想。意识的实体和连续性就是由这些因素组成。然而，从中风患者身上得到的证据表明，意识的内容甚至自我功能——思维、记忆、命名与言说、识别熟悉的图像、人物和面孔——实际上比意识本身更虚幻和脆弱。例如，一个人可能会完全失去记忆，但仍然有意识。意识就像一个房间，容纳着暂时填满它的心灵内容。意识先于自我，自我最终成为意识的中心。

与意识一样，自我在任何时刻都比其他占据意识空间的特定内容更优越和持久。自我是意识内部的焦点，是意识最核心，或许也是最永恒的特征。与东方的观点相反，荣格认为，如果没有自我，意识本身就会受到质疑。但某些自我功能确实可以暂时悬置或看似消失而完全不会破坏意识，所以至少在短时间内，某种无我（egoless）的意识，某种几乎没有"我"作为意志中心的意识，遂成为一种人性的可能。

在荣格看来，自我构成了意识的至关重要的核心，事实上，自我在很大程度上决定着哪些内容保留在意识领域内，哪些内容要滑落到无意识之中。自我负责把内容保持在意识中，它也可以通过不对内容做出反应，而把这些内容从意识中剔除。荣格发现使用弗洛伊德的术语对这很有用，自我可以"压抑"它不喜欢的内容、难以忍受的痛苦或与其他部分不相容的内容。自我还可以从无意识的存储（即记忆库）中检索内容，只要（a）它们没有被防御机制封锁，如对难以忍受的冲突的压抑，且（b）它们与自我有足够强大的连接——它们是相当扎实地"习得"的。

自我并不完全是由意识习得的内容——如暂时或长期的认同——所构成和定义的。它就像一面镜子或一块磁铁，将内容保持在觉知的焦点，但它同时也具有意志和行动的能力。作为意识的重要中心，自我先于语言习得、个人身份，甚至先于对个人姓名的自觉。后期对自我的习得，如对自己面孔和名字的识别，紧密围绕着这个意识中心的内容，具有定义自我、扩大自我发号施令和自我觉知的范围的作用。从根本上说，自我是一个人至少从出生开始就存在的虚拟意识中心，它是从这个基点、这个身体、这个个体的角度观看世界的眼睛。它本身就是虚无，也就是说，不是一个具体事物，因此它难以捉摸，无法确定。人们甚至可以否认它的存在，不过它始终存在。它不是后天培养、成长或发展的产物，而是与生俱来的。虽然它可以通过与现实的“碰撞”（见下文）显示出从一点开始发展并获得力量，但它的核心是“天赋的”，在婴儿出生时就有了。

根据荣格对心灵的描述，意识的各种内容之间有一个链接网络。所有这些内容都直接或间接地与中心机关，也就是自我联系在一起。自我不仅是地理意义上，也是动态意义上的意识中心。它驱动意识内容并安排能量中心的优先顺序。自我是决策和自由意志之所在。当我说“我要去邮局”时，我的自我就已经决定并调动了做这项工作所需的身体和情绪能量。自我指挥我去邮局并使我到达了那里。是执行者设定了优先顺序，“去邮局，不要被你想去公园散步的愿望所干扰”。虽然自我可以被视为自私，即自我主义（ego-ism）的中心，但它也是利他主义的中心。就其本身而言，荣格所理解和描述的自我是道德中立的，并不是人们在平常所说的“坏事”（“哦，他竟然是这样自我！”），而是人类心理生活的一个必要组成部分。自我是人类有别于其他同样拥有意识的自然生物的原因，也使人类个体区别于他人。它是人类意识中的个体化因素。

自我聚焦于人的意识，使我们的意识行为具有目的性和方向性。正因为我们拥有自我，我们才具有了做出选择的自由，这些选择可能会违背我们自我保护、繁衍和创造的本能。自我具有掌控并操纵大量意识材料的能力。它是一个强大的联络磁石和组织的机构。因为人类在意识的中心有这样一种力量，所以才能够对大量的信息资料进行整合并加以指导。一个强大的自我是一个以某种精妙的方式获得大量意识内容，并围绕这些内容而运动的自我。而一个弱小的自我则不大能做太多这类工作，而是更容易屈服于冲动和情绪反应。弱小的自我很容易分心，因此意识缺乏专注的焦点和持续的动机。

在大部分正常的自我功能暂时不能作用的情况下，人类要保有意识状态是可能的。我们可以通过意志使自己变得被动和静止，只是像摄像机那样观察内部或外部世界。正常情况下，我们不可能长期保持一种意志上受限制的观察意识，因为自我和更宽广的心灵通常很快就会被观察到的东西所吸引。例如，看电影时，开始我们可能只是简单地观察和欣赏人物和风景，但很快我们就会开始认同某个角色，我们的情绪由此被激活。自我做好了行动的准备，如果一个人很难区分电影图像和现实（另一种自我功能），他可能会受到诱惑去采取肢体行动。身体随即被动员起来，自我便打算并采取某种特定的行动。事实上，电影的结构就是为了让观众采取一定的情绪立场，支持某一特定角色的行为或感受。通过这种方式，自我被激活成为愿望、希望，甚至是意图的中心。可以想象，一个人在看电影的时候，会根据这些画面在意识中产生的感受和想法而做出重大的人生决定。众所周知，人们离开电影院后，会因为电影的直接影响而变得暴力或好色。此时，自我已经得到情感、认同和欲望的催化并利用其指挥功能和能量而采取行动。

显而易见，自我的自由是有限的。它容易受到内在心灵和外在环境刺激的影响。自我可能会对威胁性的刺激做出反应，拿起武器自卫；它也可能被内在的冲动激活去创造，去爱，或者去报复；它还有可能会对某种自我的冲动做出回应，即自恋式的反应。例如，它可能会以这种方式被复仇的需求俘获。

因此，清醒的意识聚焦于自我所记录的对内外环境的刺激和现象并使身体展开行动。需要再次说明的是，自我的起源可以追溯到最早的童年和婴儿时期。即使是非常年幼的婴儿也会注意到环境中的各种形状，伸出手去抓那些看起来令人愉快的东西。这些有机体意向性的早期信号就是自我，即“我”（I-ness）之原始根源的证据。

对这个“我”的本质和核心的思考，会带来一些深刻的心理学问题。从根本上说，自我究竟是什么？我是谁？荣格会简单地说，自我就是意识的中心。

“我”也许会天真地认为自己是永远的存在。甚至早年间的念头有时也会呈现出一种真理和现实的感觉。这个“我”在人的一生中是否会发生根本性的改变，是一个有待解决的问题。2岁时哭着找妈妈的“我”和45岁时为失恋哭泣、80岁为失去配偶哭泣的“我”是同一个人吗？虽然自我的许多特征，特别是在认知、自我认识、社会心理认同、能力等方面的确会发展和变化，但人们确实也能感觉到自我的核心存在着重要的连续性。许多人都曾受到驱动去寻找那个“内在儿童”。这就好比认识到童年的我就是成年后的我。也许自我的根本核心在一生中是不会改变的。这也能解释许多人持有这种强烈的直觉和信念，即自我的这个核心不会随着肉体的死亡而消逝，而是要么会去到一个永恒的安息之所（天堂，涅槃），要么是在物质世界中于另一个生命身上重生（转世）。

孩童第一次说“我”是在2岁左右。在此之前，他/她以第三人称或名字指代自己：“蒂米想要”或“萨拉要出去”。当一个孩子能够说出“我”，而且能够以自我为参照进行思考，能够有意识地将自己置于个人世界的中心并赋予这个位置特定的第一人称代词时，他/她的意识就向前迈进了一大步。但这绝不是那个原始自我的诞生。早在这之前，意识和行为就已经围绕着一个虚拟中心组织起来了。在一个人能够有意识地、反思性地提及自我之前，自我就已经明显存在了，而认识自我的过程则是渐进的并贯穿一生。自我意识的发展会经历从婴儿期到成年期的许多阶段。荣格在《回忆·梦·思考》中对其中的一个阶段做比较详细的描述时提到，他大约在13岁的时候才从云雾中走出来，第一次认识到“现在我就是我自己”。[5]

至少就我们目前所知，达到高水平的自我认识和自我觉知——即一个能进行自我反思的自我——的能力，使人的意识有别于动物的意识。这种差异不仅是因为人类的语言能力，使我们可以谈论我们所知道的这个“我”，从而丰富其复杂性，而且也因为人类意识中存在的这种纯粹的自我镜像功能。这个功能既是前语言的，也是后语言的。它是对个人存在的认识（也是对以后人终将死去的认识）。通过设置一个自我——这面在意识中内置的镜子——我们才得以自知。其他动物物种也显然想要生存和控制周遭环境，它们展现出情绪和意识，意向性、真实检验、自控以及许多其他我们认为与自我有关的功能。但是动物没有，或者很少有这种存在于意识内的自我镜像功能。它们没有那么自我。它们知道自己是谁，会各自死去，以及它们是独立的个体吗？这值得怀疑。诗人里尔克（Rilke）认为，动物面对死亡的方式不同于人类，这使它们能够更充分地活在当下。动物与人类的自我意识不同，因为没有语言，它们无法表达任何复杂程度的自我意识，也无法用人类拥有的语言工具将自己与其他动物区分开来。[6]

发展到一定程度之后，一个人成长和受教育的文化世界会在很大程度上定义和塑造人的自我和意识。这是一层围绕中心自我的自我结构。通过家庭互动和学校教育，孩子逐渐融入文化中并习得其形式和习惯，这层自我包装就变得越来越厚。荣格将自我的这两个特征称为“第一人格”和“第二人格”。[7]第二人格是内在的核心自我，第一人格则是随着时间的推移在文化上习得的自我层次。

个人自我意识的某些具体内容可以随着时间的推移显示出很大的稳定性。姓名通常是意识的稳定特征。某种程度上，你甚至会觉得它与自我永久地结合在一起了。虽然名字并非属于个人，而是作为个人的人格面具（Persona）属于公共领域（见第五章），但当它由父母、孩子或爱人说出时，它就触及了我们自我感受最亲密的地方。不过我们仍应认识到，名字是一种文化产物，不像诸如身体那样与自我稳固地绑定在一起。改了名字，人依然是原来那个人。到目前为止，还没有人改变整个身体以确定情形是否仍然不变。如果这样可行，或当真正发生这样的事情时，我们便可发现自我是否也超越了身体。我认为，自我确实超越了身体，尽管它与身体的关系在我们看来融合得是如此紧密。

人们可能会试图将自我定义为身体对其自身的意识，它是一个自愿的、个人的、有限的、独特的实体。如果一个人以不同的名字命名，他本质的“我”不会有什么不同。但是，如果一个人有不同的身体，那么自我在本质上会变成另一个吗？自我在身体中根深蒂固，甚至比在文化中更甚，但这种联系到底有多紧，还有待商榷。尽管如此，自我还是对身体的死亡深感恐惧。它恐惧自我将随着身体的逝去而消失。然而，荣格认为，自我并不严格地局限于身体。在《爱翁》中，他指出，自我“不是一个简单或基本的因素，而是一个无法被详尽描述的复杂因素。经验表明，它建立在身体和心灵两个看似不同的基础上”。[8]

在荣格的思维中，不能将心灵简化为纯粹的身体表达，即大脑的化学作用或某种生理过程的结果。心灵包含心智或精神［在这一点上，希腊词“灵魂”（nous）最能体现荣格的想法］，这样心灵就能够而且有时确实会超越它的物理位置。在后面的章节中，我们将更准确地看到，荣格是怎样把心灵从物质自然与超然的精神或心智（灵魂）的结合中演绎出来的。但就目前而言，只要注意到心灵和身体并不是同时存在，也不是一个衍生了另一个，这就足够了。荣格主要把自我当作一个全然的心灵客体，这个自我也只是部分地建立在肉体基础上。自我基于肉体的情况，只有在它体验到与肉体合一时才发生，但是自我体验到的这个肉体就是心灵的。这是一种身体意象，而不是肉体本身。身体体验的是“肉体知觉的总和”，[9] 也就是一个人对身体的有意识的感受。这些对身体的感知“是由肉体刺激产生的，只有其中某些刺激越过了意识的阈限。这些刺激中有相当一部分是在无意识的状态下发生的，也就是在意识阈值以下发生的……事实上，就像心灵内容一样，它们是潜意识的，这并不一定意味着它们的状态仅仅是生理上的。有时它们能够跨越这个阈限，也就是能够成为感知。毫无疑问，这些肉体刺激中有很大一部分根本就不可能被意识到，它们是如此原始，因此根本就没有理由赋予其心灵的特质”。[10]

我们在这段话里观察到荣格是怎样给心灵划定界限的，他把自我意识和无意识包括在内，却没有把肉体基础包括在内。许多生理过程从未进入心灵，甚至都没有进入无意识心灵。原则上，它们是不可能成为意识的。例如交感神经系统，在很大程度上是意识无法触及的。只有一部分——如心脏跳动、血液循环和神经元活动——而不是所有的躯体活动都能被意识到。目前还不清楚自我深入肉体基础的能力发展到了什么程度。训练有素的瑜伽修行者声称能够对躯体进行非常大的控制，据说他们可以用意志控制自己的死亡，可以随意停止自己的心脏跳动。有瑜伽修行者通过意志改变手掌表面温度得到了测试和验证：他可以随意改变手掌表面温度10℃或20℃。这显示了心灵在穿透和控制身体方面拥有相当大的能力，但仍然还有许多未触及的领域。自我能进入细胞的底层结构有多深？

例如，一个训练有素的自我能缩小癌症肿瘤或有效地克服高血压吗？许多问题仍有待回答。

我们应该谨记有两道阈限：第一道阈限将意识与无意识分开，第二道阈限将心理（包括意识和无意识）与身体分开。我将在以后的章节中更详细地讨论这些阈限，但现在应该注意的是，这些阈限是广阔的、流动的边界，而不是固定和僵硬的壁垒障碍。对荣格来说，心灵包括意识和无意识，但它并不包括全部纯生理层面的身体。荣格认为，自我是建立在心灵身体，也就是身体意象基础上，而不是建立在身体本身的基础上。因此，自我本质上是一个心灵因素。

自我的位置

心灵的整个领域与自我的潜在范围几乎是完全相连的。正如荣格在前文那段话中所定义的那样，心灵在原则上受到自我去向的限制。然而，这并不意味着心灵和自我是相同的，因为心灵还包含无意识，而自我则或多或少受到意识的限制。但至少自我是有可能接触到无意识的，尽管自我对此并没有多少体验。这里的关键是，心灵本身有一个极限，超过了这个极限点，原则上，任何刺激或外部心灵内容就再也不可能被有意识地体验到。在荣格所遵循的康德哲学中，这个不可体验的实体被称为“物自体”。人类的经验是有限的。心灵是有限的。荣格不是一个泛灵论者，也就是声称心灵无处不在并构成一切的人。身体在心灵之外，世界远比心灵大得多。

但是，我们不必对荣格使用的术语提出过多精确性的要求，特别是对诸如心灵和无意识这样的术语，否则我们就会在荣格故意留下缺口和余地的地方制造紧密的贴合。心灵并不是分毫不差地与意识和无意识领域结合在一起，也不完全精确地局限于自我的范围之内。在边缘地带，也就是心灵和肉体以及心灵和世界的交汇处，存在着一些"内/外"阴影区。荣格将这些灰色区域称为"类心灵"（psychoid）。这是一个类似心灵的区域，但并不完全是心灵的，它是准心灵的。在这些灰色区域中，隐藏着一些心理学的难题。例如，身心是如何相互影响的？哪里是心的结束、身的开始？反过来呢？这些问题至今还没有答案。

在《爱翁》的篇章中，荣格对此做了微妙的区分，他这样描述自我的心灵基础："一方面，自我基于整个意识领域，另一方面也基于无意识内容的总和。这些可以分为三组：第一组是可以自动再现的暂时的无意识内容（记忆），……第二组是无法自动再现的无意识的内容，……第三组是完全不可能意识到的内容。"[11]根据前面的定义，第三组应该是处于心灵之外的，然而荣格在此将其置于无意识之中。显然，他了解到无意识到达了一个不再属于心灵的地方并延伸到非心灵的区域，即超越心灵的"世界"。然而，至少在某种距离上，这个非心灵的世界是位于无意识内的。我们在此处接近了那些伟大秘密的边界：超心灵知觉、共时性、身体的神奇疗愈和其他相关事物的基础。

作为一个科学家，荣格不得不为诸如个体和集体无意识的存在这类大胆假设提供论点和证据。他在此处只是暗示了这些论点，而在其他著作中对这些论点做了非常详细的阐述。“第二组可以从无意识内容自发侵入意识的现象中推断出来。”[12]这描述了情结是如何影响意识的。“第三组是假设性的；它是基于第二组事实的逻辑推理。”[13]情结中某些一致的模式使荣格假定了原型的存在。如果某种效应足够强烈持久，科学家就会提出一种假设，人们希望这种假设能解释这些效应并引发进一步的研究。[14]

荣格在《爱翁》一书中继续写道，自我建立在肉体（身体）和心灵两个基础上。这些基础都是多层的，部分存在于意识中，但大部分存在于无意识中。说自我建立在它们之上，就等于说自我的根源深入无意识中。自我的上层结构是理性的、认知的、现实导向的，但在更深以及更隐蔽的层次中，它受制于情绪、幻想和冲突的波动，以及来自无意识生理和心理层面的干扰。因此，自我可能很容易受到身体问题和心灵冲突的干扰。自我是一个纯粹的心灵实体，意识的重要中心，同一性和意志的家园，但在其更深层次却容易受到许多不同来源的干扰。

正如我在前文指出的，必须把自我与它所属的并在其中形成参照点的意识领域区分开来。荣格写道：“当我说自我‘建立在’整个意识领域之上时，我的意思并不是说，它是由这个领域构成的。如果是这样，它就无法从整体的意识领域中区分出来。”[15]就像威廉·詹姆斯区分“主格的我（I）”和“宾格的我（me）”一样，[16]荣格区分了自我和詹姆斯所称的“意识流”。自我是浸在意识流中的一个点，能够将自己从意识流中分离出来并觉察到它是一种自身以外的东西。尽管自我有足够的距离来观察和研究意识的流动，但意识并不完全处于自我控制之下。自我在意识范围内活动，在一定程度上观察、选择、指导活动，但同时也会忽略意识可能注意到的许多其他素材。如果你在熟悉的路上开车，自我的注意力会经常走神去关注开车以外的事情。你搞定了红绿灯和无数危险的交通状况，安全到达了目的地，还在纳闷自己是怎么到那儿的！此时注意力的焦点在别处，自我已经游离了，驾驶成为一种无自我的意识。与此同时，除了自我，意识也在不断地监控、吸收、处理信息并对信息做出反应。一旦危险发生，自我就会回过神来并负起责任。自我常常专注于它从意识流中获得的记忆、思想、感受或计划。它把其他常规例行操作留给惯性化的意识。这种自我与意识的分离是一种温和而非病态的分离形式。在一定程度上，自我可以与意识分离。

虽然基本或原始的自我作为一个虚拟的中心或焦点似乎从意识之初就出现了，但它的重要方面确实是在婴幼儿的早期阶段和后来的儿童时期才有了成长和发展。荣格写道："尽管自我的身心基础是相对未知和无意识的，但它仍是意识要素中的一个卓越典范。从经验上讲，它甚至是在人的一生中习得的。它似乎首先产生于身体因素与环境的碰撞，一旦被确立为一个主体，它就会在内外世界的进一步碰撞中继续发展。"[17]荣格认为，自我成长得益于他所谓的"碰撞"，换句话说，就是冲突、麻烦、痛苦、悲伤和苦难。这些都是引导自我发展的要素。个人适应身心环境的要求，利用意识中的潜在中心，加强了它的功能，以使意识集中并在特定的方向上调动有机体。作为虚拟的意识中心，自我是与生俱来的，但作为一个实际有效的中心，它的发展程度有赖于身心与需要对其反应和调适的环境之间的碰撞。因此，荣格认为，与环境的适度冲突和挫折是自我成长的最佳条件。

不过，这些碰撞可能是灾难性的并会对心灵造成严重的伤害。在这种情况下，新生的自我不但没有得到强化，反而受到了伤害甚至是重创，以至于从根本上破坏了它后来的功能。婴儿受虐和儿童期的性创伤就是这种心灵灾难的例子。自我往往由此而在它更底层的心灵记录中遭到永久的损害。在认知层面，它或许还能够正常运作，但在其意识较弱的部分，情绪混乱和凝聚力结构的缺失造成严重的性格障碍和分裂倾向。这样的自我在正常情况下不仅像所有的自我一样易受伤害，而且是脆弱且极度戒备的。他们在压力下很容易破碎，因此倾向于使用原始（但非常强大）的防御手段来隔离世界，保护心灵免受入侵和可能的伤害。他们无法信任别人。矛盾的是，他们也经常因为被他人和整个生活所辜负而感到极度失望。渐渐地，他们将自己与他们认为具有强大威胁的环境隔绝开来，在防御性的隔离中度过一生。

新生的自我可能体现为婴儿痛苦的哭闹，这是对需要和满足之间出现差距的一种愤怒的表示。自我由此开始发展，最终会变得更加复杂。到一个两岁孩子的自我对每个人都说“不”的时候，它不仅是在应对环境的挑战，而且是已经在试图改变或控制环境的许多方面。这个小人儿的自我正忙于创造无数的碰撞来强化自己，“不！”和“我不要！”就是强化自我作为一个独立实体和作为一个强大的内在意志、意向性和控制中心的练习。

在童年时期就已获得自主性的自我，会觉得可以随意驾驭和引导意识。过度焦虑的人所特有的戒备心是一种迹象，表明自我尚未完全达到自信自主的水平。当自我获得的控制程度足以确保生存和满足基本需要时，是有可能具备更多的开放性和灵活性的。

荣格提出的自我发展源于与环境碰撞冲突的观点，提供了一种以创造性的方式来看待人类在面对不如意的环境，以及遭受不可避免的挫败体验时的潜力。自我尝试实施其意志时，会遇到来自环境的某种程度的阻力，如果这种碰撞处理得当，自我便得以成长。这种洞见告诫我们，不要为孩子提供过度保护来抵御具有挑战性的现实冲击。对于激发自我成长来说，一个持续过度保护的环境并不是特别有用。

心理类型

自我意识这一章对荣格心理类型理论也做了简短讨论。《荣格全集》的编辑们在《心理类型》的引言中引用荣格的观点，认为此书“可被称为临床角度的意识心理学”。[18]在自我承担其适应性任务和要求时，两种主要的态度类型（内倾和外倾）和4种功能（思维、情感、感觉和直觉）对自我导向产生了强烈影响。核心自我先天具有某种态度和功能倾向，从而形成其对待世界和吸取经验的特有立场。

与现实的碰撞唤醒了新生自我的潜能并邀请它与世界建立联系。这样的碰撞也打断了心灵与周围世界的神秘参与。[19]一旦被唤醒，自我必须用任何可能的手段适应现实。荣格在理论上认为，自我有4种这样的方式或功能，每一种功能都可以有内倾（即内向）或外倾（外向）的态度导向。自我发展到一定程度之后，人对世界固有的内在和外在倾向就会以特定的方式表现出来。荣格认为，自我有一种天生的遗传倾向，偏好一种特定的态度类型和功能组合，相对次要地依赖另一种互补的组合来平衡，第三和第四种组合较少用到，因此较少存在和发展。这些组合构成了他所谓的“心理类型”。

例如，天生倾向于对世界采取内倾态度的人，首先表现为在婴儿时期害羞，后来发展成喜欢追求孤独的兴趣爱好，如阅读和学习。如果再加上天生的通过使用思维功能来适应环境，这个人就会自然而然地倾向于寻找与这种倾向相匹配的活动来适应世界，比如科学或学术研究。在这些领域中，这个人表现很好，很自信，自然而然就有了满足感。在其他领域，比如社交或挨家挨户推销报刊，这种内倾的思维倾向就不大管用了，此人往往感到无所适从，有很大的不适和压力。如果这个人出生在一个偏好外倾态度的文化中，或者出生在一个抑制内倾态度的家庭中，自我就不得不通过发展外倾态度来适应环境。这是要付出高昂代价的。内倾的人必须长期承受很大的心理压力才能做到这一点。由于这种自我适应不是自然而然的，所以也会让旁人觉得是人为的。它的效果并不好，却又是必需的。这样的人是戴着镣铐在跳舞，就像一个天生外倾的人在内倾文化中也如同戴着镣铐一样。

人与人之间的心理类型差异引发了家庭和群体内部的大量冲

突。与父母类型不同的孩子往往被误解，可能会被胁迫采用符合父母喜好的错误类型。具有“正确”类型特征的孩子则受到青睐，成为最受欢迎的孩子，这就为兄弟姐妹之间的竞争和嫉妒埋下伏笔。在一个大家庭中，每个孩子的类型都会有所不同，因为父母常常也是如此。外倾的人可能会联合起来对付内倾的人，内倾者却不善于形成帮派和团队。另一方面，内倾的人比较善于隐藏。如果赞赏他的类型差异并肯定其积极价值，会极大地丰富家庭生活和群体政治环境。正是因为大家没有同频，所以一个人可以贡献的东西，其他人也可获益。对类型差异的承认和积极赞赏，可以构建多元的家庭和文化生活基础。

这种优势功能与偏好态度的组合，构成自我适应内外世界以及与内外世界互动的唯一最佳工具。另一方面，位于劣势的第四功能，是最不能为自我所用的。排在第二位，仅次于优势功能的次优功能对自我最有用，优势功能和次优功能结合起来，常常可以非常有效地确立方向和取得成就。一般来说，这两种最佳功能一个外倾，另一个内倾，外倾功能解读外部现实，内倾功能则提供有关内在的信息。自我利用这些工具尽其所能地控制和改造内部及外在世界。

我们对他人的大部分体验，以及我们所认识到的自己人格的很多方面，都不属于自我意识。一个人表现出的活力、对他人和生活的自发反应和情绪响应、幽默感的迸发、悲伤的情绪和诅咒、心灵生活中令人费解的复杂性——所有这些品质和属性都不属于自我意识，它们属于更广阔的心灵的其他方面。所以，把自我等同于整个人是不正确的。自我只是一个代理人，是意识的焦点和中心。我们所能赋予它的内容不是太多就是太少。

个人自由

一旦自我获得足够的自主性以及对意识有一定程度的控制之后，个人的自由感就成为主观现实的一个强烈特征。在整个童年和青春期，个人自由的范围受到考验、挑战和扩充。年轻人常常生活在错觉中，以为自我控制力和自由意志比实际上大得多。在他们看来，所有对自由的限制似乎都来自外部、来自社会和外在的规章制度，却很少觉知到自我是如何同样受到来自内部的控制。仔细反思就会发现，一个人既被自己的性格结构和内心的魔鬼所奴役，也被外部权威所奴役。人们通常到后半生才认识到这一点，那时才逐渐发现其实自己最大的敌人、最严厉的批评家和最苛刻的监工都是自己。命运服从内在控制，也受外在支配。

意志到底有多自由，荣格对此提出了一些发人深省的思考。我们将在接下来的章节中看到，自我只是更大的心灵世界的一小部分，就像地球是太阳系的一小部分一样。了解到地球围绕太阳运行，就像发现自我围绕一个更大的心灵实体——自性（self）运转一样。对于以自我为中心的人来说，这两种观点都是令人不安和不稳定的。自我的自由是有限的。荣格写道："正如我们所说，在意识领域内（自我）是有自由意志的。我这样说并没有任何哲学意味，只是指众所周知的'自由选择'这个心理事实，或者毋宁说是对自由的主观感受。”[20]自我意识在它自己的领域里有相当明显的自由。但这个自由的程度到底有多少呢？我们在多大程度上是根据条件和习惯做出选择？选择可口可乐而不是百事可乐反映了一种自由度，但事实上，这种选择受到了一些先前条件的限制，如广告，以及是否有其他选择。例如，让孩子在3件不同的衬衫中做选择，鼓励孩子去实践自由意志并做出区分。孩子的自我感觉得到了满足，因为他可以自由地选择自己想要的。但是，孩子的意志却受到许多因素的制约，如取悦父母的微妙愿望，或者相反，想要反抗父母的愿望；可以选择的范围；同龄人的群体压力和要求。我们实际的自由意志范围，就像孩子一样，受习惯、压力、有效性、条件反射和许多其他因素的限制。用荣格的话说："正如我们的自由意志与外部世界必然会发生冲突一样，它在意识领域之外的主观内心世界也有局限，在那里，它与自性的诸多事实相冲突。”[21]外部世界会施加政治上和经济上的限制，而主观因素也同样会限制我们进行自由选择。

广义地说，正是无意识的内容削弱了自我的自由意志。使徒保罗在忏悔时对此做了经典的表述："我并不了解我自己的行为。因为我所做的，不是我愿意的，乃是我所厌恶的。我想要做正确之事，但又做不到。”[22]矛盾这个恶魔与自我冲突着。荣格认为，"正如环境和外部事件'发生'在我们身上并限制我们的自由一样，自性对自我的作用就像一个客观事件，自由意志几乎无法改变它”。[23]当心灵凌驾于自我之上，成为一种不受控制的内在必然时，自我感觉被打败，不得不面对这个要求，即接受自己无法控制内在现实，就像它不得不对周围更大的社会和物质世界得出这个结论一样。大多数人在生命历程中都会意识到他们不能控制外部世界，但相当少的人才能够意识到内在的心灵过程同样不受自我控制。

走笔至此，我们已进入无意识领域。在接下来的章节中，我将描述荣格对构成人类心灵绝大多数疆域的无意识的看法。

第二章　丰富的内在（情结）

在前一章中，我们认识到，自我意识——即心灵的表层——会受到个人与外部环境碰撞所产生的干扰和情绪反应的影响。荣格认为心灵和世界之间的这些碰撞具有积极功能。只要不是太残酷，这些碰撞往往会刺激自我的发展，因为碰撞需要更大的意识聚焦能力，最终培养出更强的问题解决能力和更大的个人自主性。由于一个人是被迫做出选择和采取立场，因而会发展出更多处理同类事务的能力，而且会做得更好，这就像通过运用等长张力来锻炼肌肉一样。自我在与世界的许多诸如此类的激烈互动中成长。来自他人和各种环境因素的危险、诱惑、烦恼、威胁和挫折，都会在意识中激发出一定程度的能量聚集，自我被动员起来去应对这个相互碰撞的世界的方方面面。

不过，有一些意识干扰与环境并没有明显联系，与可观察到的刺激也完全不成比例。引发这些干扰的因素主要不是外在的，而是内在的碰撞。人们有时会无缘无故发疯，或者出现奇异的内在想象体验，导致莫名其妙的行为方式。他们精神错乱，产生幻觉，做梦，或者只是单纯的发疯、恋爱或乱跑。人类并不总是理性地行动，按照个人利益的精确计算行事。很多经济理论所依据的“理性人”，充其量只是对人类实际活动功能的部分描述。人类受心灵力量驱使，被非理性思想鼓动，也受控于超出可观察环境范围以外的意象和影响。简而言之，正如我们是理性和适应环境的生物一样，我们也是受情绪和意象驱动的生物。我们做梦和思考的时间一样多，而我们的感受可能比思考更多。至少，很多思维都是由情绪渲染和塑造的，大多数的理性计算不过是我们的激情和恐惧的仆人。

正是为了了解人性中不太理性的一面，荣格才拿起科学方法这个工具，用一生的时间来研究是什么塑造和推动了人类的情绪、幻想和行为。这个内在世界在他那个年代还是一片不为人知的领域（tarra incognita）。而且他发现，这个世界是无比丰富的。

抵达无意识

想象一下，心灵是一个像太阳系一样的三维物体。自我意识是地球，是陆地；至少在我们清醒的时候，它是我们生活的地方。地球周围的空间充满了大大小小的卫星和陨石，这个空间就是荣格所说的无意识，当我们冒险进入这个空间时，首先遇到的物体就是他所说的情结。无意识里充满了情结，这是荣格在作为精神病学家的职业生涯初期就探索过的领域。他后来把这称为“个体无意识”。

在细致入微地观察自我情结或意识的本质之前，荣格就开始绘制心灵这个领域的地图了。

他使用了一种在20世纪之交备受推崇的科学方法——词语联想测验，来进行初步探索。[1]后来，他又运用了从西格蒙德·弗洛伊德早期著作中得到的一些洞见。在无意识决定心理过程的理念和词语联想测验的武装下，荣格带领研究人员开展了一个科学项目，在实验室环境下，通过严格控制的实验来验证无意识心理因素能否得到证实。

这个项目的成果收录在荣格编辑的《词语联想研究》一书中。这些研究是在其导师尤金·布洛伊勒的支持和鼓励下，在苏黎世大学的精神病学诊所进行的。[2]这一项目始于1902年，一直持续了5年时间。这些研究成果分别于1904—1910年发表在《心理学与神经学》期刊上。正是在这些实验研究的过程中，荣格开始使用“情结”这个术语，他从德国心理学家齐恩（Ziehen）那里将此借鉴过来，又以自己的大量研究和理论扩展并丰富了这个术语的含义。这个术语后来也被弗洛伊德采纳，一直到弗洛伊德和荣格关系破裂，都在精神分析界广泛使用。[3]此后，这个词连同荣格和一切与“荣格学派”有关的内容，都从弗洛伊德的词典中消失了。

情结理论是荣格在理解无意识及其结构方面早期最重要的贡献，可以看作是荣格对弗洛伊德到那时为止所写内容的概念化方式，包括压抑的心理后果，童年对性格结构持续的重要性，以及抵抗在心理分析中的谜团。直到今天，“情结”仍然是分析实践中一个有用的概念。荣格最初是如何发现并描绘无意识这一特征的呢？

问题是，如何才能穿越意识的壁垒而深入心灵之中呢？可以通过简单的提问并记录回答，或者通过内省来研究意识。但是，一个人怎样才能深入主观世界并探索其结构和运作呢？为了回答这个问题，荣格和一组精神科住院医师同事们进行了一系列以人为对象的实验，来观察心灵在语言刺激的轰炸下意识的反应，也就是微妙的情绪反应的“轨迹”，看看这样是否能找到潜在结构的证据。荣格与他的同事布洛伊勒、魏林（Wehrlin）、鲁尔斯特（Ruerst）、宾斯万格（Binswanger）、农贝格（Nunberg），以及最重要的里克林（Riklin）密切合作。首先，他们基于其研究目的完善了词语联想实验，确定了400个平时常见的、显然是中性的刺激词，如“桌子”“脑袋”“墨水”“针”面包“灯”。[4]在这些词语中穿插着一些比较带有刺激性的词，如“战争”“忠诚”“打击”“抚摸”。这些词的数量后来减少到100个。将这些词一个个地读给被试者听并要求他们用第一个想到的词来回应。这引起了各种各样的反应，有时是长时间的停顿，有时出现无意义的反应，有的给出押韵和声音回应，甚至还有一种可用心理电流仪（psychogalvanometer）来测量的生理反应。[5]

荣格感兴趣的问题是，被试者在听到刺激词时，在其心灵中发生了什么？ 他留意的是情绪，特别是与焦虑及其对意识的影响有关的刺激标志。他对被试者的反应时间和回答都做了逐字记录。接下来再说一遍刺激词，要求被试者再重复之前的反应并再次记录结果。分析测试结果时，首先计算被试者的平均反应时间，然后与所有其他的反应时间进行比较。有些词可能1秒钟就能得到回应，有些则需要10秒钟，还有一些词可能根本不会有什么回应，因为被试者的大脑里一片空白。他对其他类型的回应也做了记录。有些词会遇到特殊的反应，如押韵的、无意义的词或不寻常的联想。荣格认为这些反应是情结的指标（complex indicators）——焦虑的标志和对无意识心理冲突的防御反应的证据。关于无意识的本质，这些内容能告诉荣格什么呢？

情　结

荣格认为，记录和测量到的对这些语言刺激的反应是对意识的干扰，是由于被试者对所听词语的无意识联想所致。在这里，他与弗洛伊德在《梦的解析》中所表达的思想是一致的，弗洛伊德曾认为，梦中的意象可以与前一天（甚至是前几年，一直到幼儿时期）的思想和情感联系起来。然而，这种关联是极其晦涩和隐蔽的。荣格推断，这些联想不是存在于刺激词和反应词之间，而是存在于刺激词和隐藏的无意识内容之间。一些刺激词激活了无意识内容，而这些内容又与其他内容相关联。当受到刺激时，这个由被压抑的记忆、幻想、意象、思想组成的关联材料网络就会受到意识的干扰，这些情结指标就是干扰的征兆。还需要弄清楚究竟是什么原因造成的干扰，这要通过进一步询问被试者，如果需要的话，再通过更多的分析来完成。但这个实验所记录的干扰提供了深入探索的关键点并提供了无意识结构确实位于意识层面之下的证据。被试者往往一开始并不知道为什么某些词语会引起这样的反应。

荣格观察到，意识流中可测量的干扰有时与看似无关痛痒的刺激词有关，比如“桌子”或“谷仓”。通过分析这些反应模式，他发现显示干扰的词可以按主题集中，这些集群指向一个共同的内容。当要求被试者说出他们与这些刺激词集群的联系时，他们能够慢慢地告诉荣格，这些联系发生在他们在自我情绪曾经非常激动的时刻，这通常都会涉及创伤。事实证明，这些刺激词会唤起埋藏在无意识里的痛苦联想，而这些令人紧张的联想正是扰乱意识的东西。荣格把引发意识扰动的无意识内容称为“情结”。

在确定情结存在于无意识之后，荣格很有兴趣对此进行深入的研究。借助词语联想实验等工具，他可以进行相当精确的测量。

这可以将模糊的直觉和理论推测转换为数据和科学，而这非常符合荣格的科学气质。荣格发现，如果简单地将某一情结所产生的指标数量和这些干扰的严重程度相加，他就可以衡量某一情结所拥有的情绪电荷，这可以表明在该情结中束缚的心理能量的相对数量。那么，对无意识的研究就可以由此而进行量化了。这些信息对治疗也很重要，它们可以指出病人最严重的情绪问题在哪里，以及在治疗中需要做哪些工作。这对短期心理治疗特别有效。

实验结果使荣格确信，在意识之外确实存在着心灵实体，它们就像卫星一样存在于与自我意识的关系中，能够以一种令人惊讶的，有时是压倒性的方式引起自我干扰。它们是可能让人措手不及的小鬼和内心的恶魔。可以理解的是，必须将情结造成的干扰与外部环境压力源造成的干扰区分开来，尽管它们可能而且往往确实密切相关。

1906年4月，荣格将他的论文《心理联想诊断研究》（*Diagnostischen Assoziationstudien*）寄给弗洛伊德，弗洛伊德立刻发现自己找到了一个志趣相投的人，给他写了一封热情洋溢的感谢信。一年后他们见了面，从那时起直到1913年初两人最终停止通信，他们在情感和思想上的关系是极其密切的，且充满了崇高的目的。有人可能会说，他们成功地刺激了彼此的核心情结。无疑，他们因对无意识的共同兴趣而形成了深厚的关系。对荣格来说，与弗洛伊德的关系对他在精神病学领域的职业发展，以及他自己的心理学理论在后期的发展有着巨大的影响，他的职业生涯和理论都是在弗洛伊德日益增长的文化影响力阴影下形成的。不过，尽管如此，荣格的心灵地图明显不受弗洛伊德的影响。荣格的思想从根本上来说是非弗洛伊德式的，因此他的心灵地图与弗洛伊德的有很大不同。对于熟悉弗洛伊德作品的读者来说，这一点将在本书余下的内容中得到体现。他们两人生活在不同的知识宇宙中。

1910年，荣格关于情结的理论研究基本完成。在接下来的几年里，他会继续对其进行阐述，但并没有补充太多新材料，也没有改变情结的基本概念，只是补充说，每个情结都包含一个原型（即先天的、原始的）成分。他发表于1934年的论文《情结理论综述》（*A Review of the Complex Theory*）对此做了出色的总结。[6]荣格是在与弗洛伊德分道扬镳后很久才写这篇文章的，他对这位以前的老师和同事，以及精神分析研究进行了高度的赞扬，承认弗洛伊德对他的情结理论研究的重要性。如果想要了解弗洛伊德对荣格理论的影响，答案就在这里。

值得注意的是，1934年5月，荣格在德国巴特瑙海姆（Bad Neuheim）第七届心理治疗大会上发表了《情结理论综述》。当时，荣格是国际心理治疗医学协会的主席，该协会赞助了这次会议。德国此时的政治形势充满了冲突和混乱。刚刚上台的纳粹政权对弗洛伊德这个犹太人进行了攻击，认为要从德国文化中清除他的有害影响。弗洛伊德的著作被焚毁，思想也遭到强烈反对。1933年荣格是国际心理治疗医学协会的副主席并接受了主席任命，面临着一系列复杂而危险的政治选择。一方面，在讲德语的地方，当任何组织的领导人都不是一件容易的事，纳粹像鹰一样盯着他们是否有与种族主义政策丝毫偏离的迹象，这个医学协会也不例外。荣格承受着巨大压力，不得不说一些德国官员想听的话并遵守他们的计划。另一方面，这是一个非德国精神病学家有可能在这个国际协会中发挥作用的时刻。荣格有意维护该学会的国际性。他就任主席后的第一个行动就是修改章程，使得即便被排除在所有德国医学协会之外的德国犹太医生，也可以以个人身份保留会员资格。在1933年的时候，荣格还无法得知纳粹领导人的邪恶冲动最终会多么强力和彻底。

不过，危险的另一面也是荣格的职业机遇。过去的10年里，弗洛伊德一直是德国精神病学家和心理学家当中的领军人物，现在荣格的思想有机会崭露头角。荣格正走在道德的钢丝上，全世界都注视着他，这期间他的一举一动都影响着舆论。1933年荣格决定接受这个医学组织的主席职位，一直持续到1940年，这在当时和今天仍引起大量激烈的讨论。有人指责荣格同情希特勒的政策和纳粹的“净化”德国人计划，一个重要的依据就是他在担任主席的头几年里，也许是在无意中和在严重的政治压力下所说和所做的一些事情。[7]

对荣格有利的一件事是，他在1934年巴特瑙海姆做就职演说时发表的这篇《情结理论综述》确实没有低估弗洛伊德的重要性。事实上，他给这位早已断绝关系且已经有20年没有说过话的早年的良师益友以极大的肯定。在1934年的德国，哪怕是用温和的正面语调谈论弗洛伊德都是很有勇气的事。如果说荣格做了什么可以保护弗洛伊德国际声誉的事，那就是在这篇论文中对弗洛伊德的推崇。

这篇文章首先讨论了荣格在职业生涯早期所发起和开展的词语

联想研究。在此期间，他了解了人类在临床和其他亲密环境下是如何互动的，他开始关注实验情境的心理层面并指出这个实验情境本身就已经导致了情结聚合（constellation）的产生。人格是相互影响的，当他们开始互动时，某种刺激情结产生的心理场就在其中形成了。

“聚合”这个词在荣格著作中经常出现，它是荣格词典中一个重要的词语。这个词一开始常常让读者迷惑不解。通常，它指的是某种心理能量被激发，即意识已经或即将被某种情结所扰乱的时刻。“这一术语简单地表达了这样一个事实，即外部情境引发了某种心理过程，在此过程中，某些内容聚集在一起并为行动做准备。当我们说一个人（心灵）‘聚合’的时候，意思是他已处在可以一种非常明确的方式做出反应的状态。”[8]一旦你知道了一个人的特殊情结是什么，情结的反应就是完全可以预测的。我们将心灵中充满了情结的区域通俗地称为“按钮”，比如：“她知道如何按下我的按钮！”当你按下这个按钮，你就会有情绪反应。换句话说，你聚合了某种情结。认识一个人一段时间后，你就会知道他的某些按钮在哪里，要么避开这些脆弱的地方，要么故意去触碰它们。

从经验上讲，每个人都知道（心灵）聚合意味着什么。它发生在一个区间范围内，从轻微的焦虑到失去控制，再到极端疯狂。当某个情结聚合起来时，当事人就会受到情绪失控，甚至在某种程度上行为失控的威胁。这个人会做出非理性的反应，往往事后才会后悔或者有所觉悟。心理学家们发现一种令人沮丧的情况，即当事人之前已经历过这样的情景很多次了，在许多场合都有过这样的反应，却完全无力避免再次做同样的事情。当情结聚合时，人就像被一个比自己意志更强大的恶魔控制从而产生无助的感觉。即当一个人眼看着自己成为内在冲动的愚蠢受害者，去说或做一些明知最好不说或不做的事情时，整个事件还是依照预料的情节展现出来，而且说的话、做的事都已经覆水难收。某种心灵内驱力被聚合的情境召唤出来采取行动。

这些聚合物的缔造者“就是拥有自己特定能量的情结”。[9]情结的“能量”（这个术语将在下一章进行更深入的讨论）指的是在像情结磁体般的核心中缠绕的感受和行动潜能的确切数量。情结具有能量并呈现出一种自身的电子“自旋”，就像环绕着原子核的电子一样。当它们受到某种情景或事件的刺激时，会释放出一股能量并逐级跳跃，直到抵达意识层。情结的能量穿透自我意识的外壳并涌入其中，促使它朝相同的方向运转并释放借由此次碰撞产生的情绪能量。这种情况发生时，自我不再完全控制意识或因此而不能完全控制身体。这个人成为失去自我控制的能量释放的牺牲品。如果自我足够强大，就可以容纳部分情结的能量并将情绪和身体的爆发降到最低。但在某种程度上，没有一个人可以对自己在情结控制下的言行负全部责任。不用说，这在法庭上并不构成有效的辩护。有时，社会要求的标准比心灵能够做到的要高。

心灵的复杂情结（请原谅我使用双关）①正变得越来越明显。

---

① 原词为“Complexity”，既可以理解为复杂性，也可以理解为情结。——译者注

事实上，荣格的理论有时被称为“情结心理学”（而不是更常见的称谓，即“分析心理学”）：复杂性和情结都是其心理学理论的基础。心灵是由许多中心组成的，每个中心都拥有能量，甚至还有着自己的意识和目的。

在人格的这个概念中，自我是众多情结之一。每个自我都有自己特定的能量量子。当我们谈论自我的能量时，我们就称之为“自由意志”。如果我们想要说明一个情结所具备的能量级，可以考虑一下心魔的力量。这些非理性的冲动可以俘获我们，或多或少地支配我们。情结通常在意识领域范围内兴风作浪，但也有例外。有时这些干扰会发生在心灵之外。荣格观察到，情结可以影响周围世界的事物和他人。它可以作为一个恶作剧者，对其他人产生微妙的影响。

荣格对情结还有一个有趣的观察。一个人有时可以阻挡刺激的影响，抵御情结的聚合，“意志坚强的被试者可以通过语言动力机制，在短暂的反应时间内屏蔽掉刺激词的含义，使其无法到达意识层，但这只有在必须保护真正重要的个人秘密的情况下才有效”。[10]这意味着人们可以通过刻意屏蔽刺激来控制自己的无意识反应。为了克服这一测试情境中的障碍，荣格酝酿出了测谎仪实验的前身。这是对词语联想实验的巧妙延伸。

荣格用心理电流仪测量皮肤的电导率，发现电导率的变化与情结的指标相关。换句话说，当一个人说谎或试图隐藏情结反应的证据时，自我可能会掩盖一些指标，但它很难抑制那些更微妙的生理反应。在对与情结有关的刺激词或问题做出反应时，一个人可能会手心出汗、颤抖或口干舌燥。通过测量皮肤电导率，荣格给出了一种更精细的收集情结指标的方法。利用这一方法，荣格在他的精神病院破获了一起抢劫案。[11]当然，这种方法并非万无一失。

大多数人的自我通常会在一定程度上中和情结的影响。这种能力有助于适应乃至生存。这与解离的能力相似（或许相同）。一个人如果做不到这一点，自我就会在最危险的时刻，在最需要保持冷静的时候功能失调。在职业生活中，为了继续工作，必须把个人的情结放在一边。面对一个生活陷入混乱的病人，治疗师必须要能搁置自己的情绪和个人冲突，必须保持冷静，即使此时治疗师自己可能也在经历着混乱时刻。所有的职业都要求，不管个人在生活中发生了什么，都要把工作做好。就像在剧院里常说的那样，演出必须继续。这就要求一个人至少在某种程度上有能力克服情结对自我意识的影响。在讨论这种控制个人焦虑和情结反应的能力时，荣格提到了擅长这种艺术的一位大师——外交家塔列朗。外交官在国家元首的指示下行动，使用的词汇几乎不会显露自己的感觉或喜好。他们崇尚能够隐藏情绪和情结活动迹象的话术，而且他们比常人更具备无须接受测谎的优势。

无意识的层次

人们通常认为情结是“个人的”。的确，大多数情结是在个人特定的生活史中产生的，并且严格地属于个人。但也有家庭和社会情结。这些情结就像疾病一样，不只属于个人，也属于集体，而个人“捕获”了它。这意味着在社会上，从心理学角度来说很多人都是相似的。在相同的家庭、亲属群体或传统文化中长大的人，在很大程度上都有这种类似的无意识结构。即使在美国这样一个庞大而多元的社会里，许多典型的经历也是全民共有的。几乎每个孩子都在五六岁开始上学，经历同样的考试压力与失败屈辱的创伤，然后经历求学或求职的焦虑。所有这些共同经历，都是由具有相似性格的当权者通过一种对个人无意识的微妙编程，形成一些基于社会的心理模式。共同的创伤造就共同的情结，有时这些情结是代代相传的。早些时候，人们经常谈到成长于20世纪30年代的人们所特有的“抑郁心态”，这些人共同经历了经济大萧条的创伤。今天，我们会说“越战老兵”，认为所有参加过这场战争的人或多或少都有从那场战争的创伤中形成的同一种情结。

我们可以在此想象无意识的文化层面，一种文化无意识。[12]一定意义上它是个人的，因为它是个人在一生中获得的，但它也是集体的，因为它是与一个群体共享的。在这个层次上，无意识由更大的文化模式和态度构成，这最终会影响个人的意识态度，以及无意识文化假设的纽带中更独特的情结（文化无意识不同于集体无意识，我将在第四章讨论）。

这就提出了一个有趣的问题：情结是如何形成的。答案通常是创伤，但这必须放在更广泛的社会背景下才行。荣格对一些词语联想的研究着眼于家庭给儿童的无意识影响。通过词语联想实验，他发现了表明家庭成员之间的情结结构惊人相似的有力证据——

例如，母亲与女儿，父亲与儿子，母亲与儿子。在这些组合中，最接近的是母亲和女儿，她们对刺激词的反应显示出几乎相同的焦虑和冲突。荣格由此得出结论，无意识是由家庭环境中的亲密关系模式造成的。不过从他的研究中还不清楚这究竟是如何形成的。是通过某种方式传播的，还是通过相似创伤的代际传承的呢？这些问题还没有答案。

在儿童成长后期，这些早期的心灵结构会因接触到更广泛的文化而发生显著的改变。心灵不断受到来自电视和学校的社会文化刺激，这在童年后期成为一个降低种族和家庭文化对心理影响的因素，至少在美国这样的多元化社会中是这样。当同辈群体成为中心时，新的重要结构元素便形成了，但其中许多都基于常见的文化模式。然而，早期由家庭诱发的情结并没有从心灵上消失。母亲和父亲情结像巨人一样继续统治着个人的无意识领域。[13]

心灵意象

要了解情结的基本结构，就必须把它拆分成各个部分。“那么，从科学的角度来说，什么是‘具有感情色彩的情结’呢？”荣格问道，“它是在情感上强烈突出的某种心灵情境的意象，而且与意识的惯常态度不相容。”[14]“意象”在这里是关键，对荣格来说，它是一个极其重要的术语。意象定义了心灵的本质。有时荣格会使用拉丁语的“imago”而不是英语的“image”来指代情结。“母亲意象”是有别于真实母亲的母亲情结。关键在于，情结是一种意象，因此本质上属于主观世界。可以说，情结是由纯粹的心灵构成的，尽管它也代表了一个真实的人、经验或情境。不应把它误认为是客观现实，即另一个真实的人或一个物质实体。情结是一个内在的客体，而其核心则是意象。

令人惊讶的是，心灵意象与外部现实之间可能存在着密切的对应关系，即使心灵没有被它打上烙印或凭借经验将其记录下来。著名动物行为学家康拉德·洛伦兹（Konrad Lorenz）研究了一些动物对特定刺激的本能反应。例如，当老鹰从空中飞过，影子掠过地面时，从未接触过老鹰的小鸡都知道跑去寻找掩护。动物行为学家利用架设在空中电线上的装置，投射出类似老鹰的影子，结果表明，没有经过训练的小鸡，看到影子就会跑去躲避。对捕食者的防御反应是建立在小鸡的反应系统中的，而捕食者的意象是与生俱来的，无须学习就能识别。

情结的运作方式与此相似，只是对人类来说，它们似乎只是准本能，而不是真正的本能。它们像本能一样行事，因为它们会对特定的情况或人产生自发反应，但不像本能那样纯粹是先天的。它们大多是经验，如创伤、家庭互动模式和文化熏陶的产物。这些与被称为“原型意象”的先天元素结合在一起，便构成了情结的全部整体。情结是心灵在消化了经验并将其重构为内在客体后仍留存在心灵中的东西。在人类身上，情结的功能相当于其他哺乳动物的本能。从某种意义上说，意象，或者说情结，构成了人类的本能。

梦就是由这些无意识意象、情结构成的。荣格在不同的地方讲道，情结是梦的建筑师。梦在一段时间内呈现出的意象、模式、再现和主题，会告诉我们一个人的情结样貌。

“这个意象具有强大的内在连贯性，它有自己的整体性，此外，它还具有相对较高的自主性，只在有限的范围内才受意识心灵的控制，因此，它在意识领域中的行为就像一个活跃的异物。”[15]意象的每一个特征——它的内在一致性、整体性和自主性——都是荣格对情结进行界定的重要层面。情结具有心灵稳固性，它在岁月中稳定而持久地存在着。如果没有自我意识的干预或挑战，情结往往会待在自己的空间里，不会有太大变化。一个人在生活中总是一遍又一遍地重复相同的情绪反应和释放模式，相同的错误、相同的不幸选择就说明了这一点。

心理分析试图揭示情结并将其暴露在自我的意识反思中。这种干预可在某种程度上改变情结。在分析中，个人了解到情结是如何运作的，是什么触发了情结的聚合，以及如何防止它们无休止的重复。如果没有对自我的这种干预，情结就会表现得像一个活跃的异物一样运行。在情结的控制下，一个人可能会感到相当无助和情绪失控。

一般而言，情结聚合的心理效应，在影响心灵的刺激释放出来后的较长时间内持续存在。“某些实验调查似乎表明，（情结的）强度或活动曲线具有波浪形特征，‘波长’可达数小时、数天或数周。”[16]引发情结的刺激可能是轻微的，也可能是巨大的，持续时间可长可短，但它对心灵的影响可以持续很长时间，并且能在波浪式的情绪或焦虑中进入意识。心理治疗有效的标志之一，是情结导致的干扰持续时间比以前短。能够从情结引发的干扰中较快恢复，这说明自我力量得到了增强，心灵材料获得了整合，以及情结中的力量下降。持续时间的缩短意味着情结的力量已经减弱了。不过有必要认识到，情结永远不可能完全消除。情结“余震”的波浪式效应让人精疲力竭。强大的情结的释放会消耗大量的身心能量。

人格碎片

情结也可以被看作是人格碎片或子人格。每个成年人的人格都或多或少有解体的危险，因为它是由大大小小的碎片构成的，有可能脱胶瓦解。“我在情结方面的发现印证了心灵具有解体的可能性，这多少有些令人不安，从根本上说，碎片人格和情结之间在原则上并没有区别。它们具有所有共同的基本特征，直到我们正视碎片意识这个细节问题时，才会有所区别。人格碎片无疑有自己的意识，但情结这种小的心灵碎片是否也可能有自己的意识，还是一个未解的问题。”[17]荣格在这里提出了一个重要但极其微妙的问题，即正常的解离、严重的解离症和多重人格障碍之间的差异。

每个人都会，而且确实会不时地出现解离，即经历轻度的意识状态改变或从创伤经验中分离出来，以维持正常功能。处于“情结”状态本身就是一种解离。自我意识受到干扰，根据干扰的程度，可能会陷入相当的迷失和混乱状态。由于情结本身拥有一定类型的意识，因此，“处于情结”中的人陷入某种被异己人格占据的状态。在多重人格障碍中，这些不同的意识状态并没有被某种统一的意识凝聚起来，自我无法弥合碎片之间的心灵空间。在这种情况下，自我被限制在意识碎片中，而其他每一种情结都拥有一个自己的自我，且都或多或少地独立运作。每一个人格都有自己的身份，甚至有自己控制躯体功能的方式。一些针对多重人格的研究表明，在每一个子人格中都有令人惊讶的身心联系，以至于一个人格可能表现出其他人格没有表现出来的躯体能力或障碍。一种人格可能对烟草的烟雾过敏，另一种人格却可能是个老烟鬼。

多重人格是人格解离的一种极端形式。在心灵中正常活动的整合过程被严重的（通常是性的）童年创伤阻碍了。但在较轻的程度上，每个人都有多重人格，因为每个人都有情结。区别在于，情结通常服从于一个完整的自我，而且，当情结聚合时，自我意识仍然存在。一般来说，情结的能量比自我的能量要小，而且它们的自我意识停止于最低的程度。相反，自我有相当大的能量和意志可供其支配，它是意识的主要中心。

虽然自我应为我们所说的动机和目的的很多方面负责，但其他情结似乎也有单独的目的和意志。这通常与自我情结在特定时刻的需求相冲突。荣格将情结描述为“我们无力面对的梦中的演员；他们是丹麦民间传说中的精灵。传说中一位牧师试图向两个精灵传授主祷文。他们尽了最大的努力，试图正确重复牧师说的话，但一开口就不可避免地说道：‘我们的父，不在天上。’正如人们可能从理论上所期待的，这些顽童情结是不可教的”。[18]这个故事的寓意是，情结无法依照自我的要求行事。它们是棘手而倔强的，就像创伤经历的记忆意象被冻结了一样，不仅在梦中出现，在日常生活中也会出现，让自我也同样感到无能为力。

情结的结构

关于情结的结构，荣格进一步描述说，它是由相关意象和被冻结的创伤性时刻的记忆组成的，这些记忆被埋藏在无意识中，自我不容易检索出来。它们都是被压抑的记忆。将情结的各种相关元素编织在一起并将它们固定下来的是情绪。这是胶水。此外，“带有情感色彩的内容，即情结，由一个核心元素和大量次级的与情结聚合物有关的内容组成”。[19]核心元素是情结所依据的核心意象和经验，即冻结的记忆。但这个核心由两部分组成：原始创伤的意象或心理痕迹，以及与之密切相关的先天（原型）片段。情结的双重核心通过将相关内容聚集在自身周围而成长，这可以贯穿整个生命周期。例如，如果一个男人通过其声音语调、应对生活的方式、强烈的情绪反应等让一个女人想起了她严厉而暴虐的父亲，可以想见的是，他就会聚合该女士的父亲情结。如果他们互动一段时间，就会给这种情结增加素材。如果他虐待她，就会进一步丰富和强化该女士消极的父亲情结，在父亲情结聚合（被激发）的情况下，她会变得对情境更具反应性。她可能会越来越倾向于完全避开这类男人，或者可能会发现自己非理性地被这类人吸引。不管哪种情况，她的生活都会越来越受到这种情结的限制。情结越强，就越是限制自我自由选择的范围。

这种情结可以被后来的经验修正，这当然对个人有利，心理治疗的治愈潜力也取决于此。治疗包括消融已经冻结的记忆意象，它可以在某种程度上重构人格，因为移情让治疗师在治疗的不同阶段代替了（在其心灵角色中的）父亲或母亲。当父（母）亲情结聚合在治疗师身上时，患者对另一种父母形象的体验会给旧的情结增加材料并在其中或之上建立一个新的层面。这种新的结构并不完全取代旧的结构，但可以对旧的结构做出重大修正，使其不再以这种损耗人的方式限制个人的生活。暴虐的父母意象可能会被新的结构软化、消融或抵消。

情结核心的另一部分是“一个人性格中由气质决定的先天的因素”。[20]这与原型有关。例如，父（母）亲情结不是来自个人经验，而是来自集体无意识的母亲或父亲的原型意象。人格中的原型要素是与生俱来的气质倾向，以某种典型的、可预测的方式做出反应、行为和互动，类似于动物天生的释放机制。它们是遗传的，而不是后天习得的，属于生而为人的每个人。我们因此而成为独一无二的人类。不仅我们的身体，而且灵魂——心灵——是人类独有的，它还为以后的经历、发展和教育创造了先决条件。我将在后面的章节中详述荣格的原型理论，现在只要认识到心灵的原型要素是在日常生活中通过情结来体验到的就足够了。

一般来说，创伤会造成情结。在创伤发生之前，原型作为一种意象和动力存在，但不像情结那样具有令人不安和引发焦虑的特质。创伤创造了一个充满情绪的记忆意象，它与原型意象联系在一起，冻结成一个几乎永久性的结构。这个结构包含了特定数量的能量，有了这些能量，就能把其他相关的意象联系起来，形成一个网络。因此，情结会被以后类似的经验所丰富和扩展。但并不是所有的创伤都是外在的或与环境的剧烈碰撞造成的。有些创伤主要发生在个体心灵的内部。荣格指出，情结也可能是由“道德冲突产生或强化的，这种冲突最终源于对一个人整体性的明显否定”。[21]社会上不断变化的道德态度使我们在很多情况下不可能完全肯定自己的整体性。为了谋生，有时甚至是为了生存，我们不得不否认自己的真实感受，克制自己的表达。为了适应所做出的这些社会性调整，我们会形成一个社会面具、一个“人设”，把自己的基本成分排除在外。一般来说，人们更愿意融入适合自己的社会群体，那些直言不讳或不符合群体标准的人往往会被排斥或边缘化，这种社会困境使人陷入荣格所说的道德冲突。最根本的当务之急其实是成为一个完整的人。如果社会和文化的束缚过于严重地抑制了内在追求的整体性的动力，人的本性就会反抗，而这也是情结的一个深层来源。

这就是弗洛伊德在维也纳提出的问题，维也纳在官方层面是一个性压抑的社会，在性观念方面却极其虚伪。弗洛伊德论证了围绕性的冲突是如何植根于心理模式并发展成神经症的。根植于人类先天结构中的性与社会格格不入，因而从意识中分离出来，受到压抑。这就造成了性情结，相关的创伤围绕着这种情结聚集。从根本上说，性压抑之所以成为病理，是因为人的机体坚持不懈地追求先天的整体性，其中就包括不受约束的性。神经症问题的产生并不是如弗洛伊德所说的个体与社会本身的冲突，而是在心灵中产生的道德冲突，这种冲突一方面想否定自己，另一方面又不得不肯定自己。

情结的爆发

情结能够突然爆发并自然地进入意识，取代自我的功能。然而，看似完全自发的行为可能并不那么纯粹。如果一个人仔细观察最近一段时间发生的事情，通常就会发现某个微妙的触发刺激。例如，神经质的抑郁，在一个人觉察到触发它的某个微小的侮辱之前，可能看起来都是内源性的。当自我以这种方式被占据时，它会被情结及其目的所同化，导致我们所说的“见诸行动”。这些付诸行动的人往往没有意识到是怎么回事。他们只是“心情不好”，而且这种行为似乎也与自我一致。但这就是占有的本质：自我被欺骗了，还以为它在自由地表达自己。只有在反省的时候，人们才会意识到：“有什么东西进入了我的身体，让我这么做。我不知道自己在做什么呀！”如果另一个人试图指出他的行为不正常，通常得到的是愤怒的防御。被（情结）占据的人不会善意地接受这样的反馈。荣格说，在中世纪，这种对情结的认同“有另一个名字，叫作附身”。

大概没有人会认为这种状态是无害的，在这种状态下，由情结引起的口误和最疯狂的亵渎行为在原则上没有差别，[22]区别只是程度问题。“附身”有程度之分，有一时的、轻微的，也有精神病的、慢性的。我们在附身中看到，那些通常不属于自我性格和风格的个性特征明目张胆地显现出来。这些不为人知的特征在无意识中经过一段时间的积累，自我突然间被这种内在的对立面吞噬。现在这个人被魔鬼“附身”，诅咒意识以前认为最神圣的东西。

患有妥瑞氏综合征（Tourette’s Syndrome）的人会不断公开地这么做。对于一个拥有所谓“正常心理”的人来说，破碎人格以许多更微妙的方式表现出来，有些细微到几乎无法察觉，如口误和遗忘。在一个小时之内，一个人可能会经历几种意识状态、心境、子人格，而几乎注意不到这些转变。随着我们接近真正的“附身”，这种微妙状态就变成了比较粗糙的形式。“附身”有一种更加极端和独特的特质，我们很难忽略，它甚至会获得某种特定性格类型的特征。例如，“救世主情结”通常是在童年遭遗弃的痛苦经历中形成，然后在行为上表现为善良和乐于助人。然而，这些特征并不以某种整合的方式隶属于自我，相反，由于植根于自我几乎无法控制的自主情结中，它们有起落盛衰。这些人总是情不自禁地帮助别人，不管这会给自己或他人带来多么破坏性的后果。这种行为实际上并不受自我掌控，而是由情结控制。它也多少会出现一些随意的波动，突然发生一些无法预料或无法解释的前后不一。有时这个人非常体贴地照顾他人，有时则冷酷无情、漠不关心，甚至暴虐。其他的心灵碎片（情结）也在争夺自我的支持。

当被某种情结附身的自我不再认同这一情结时，就会转向另一种。这往往是前一种情结的影子兄弟或姐妹。一种具有灵性、向上、给予、利他特征的基督情结，与崇尚物质主义和自私态度的魔鬼情结相匹配。两者可以交替地占据自我，就像双重人格（Jekyll–

and–Hyde–like）一样。①

一个在许多公共社交场合充当人格面具，另一个则在私密的场景中主导意识人格。这种自我很容易受到荣格所谓的“物极必反”（enantiodromia）的影响，即向反方向逆转。

情结是内在世界的客体。“个人生活的福与祸都取决于它们。它们是在火炉边等待我们的家庭守护神，赞美它们的平和是危险的。”[23]对这些神不可掉以轻心。

① （*Jekyll and Hyde*）出自英国作家罗伯特·史蒂文森的小说《化身博士》，书中的主要人物白天以绅士杰科（Jekyll）的面目出现，晚上以魔鬼海德（Hyde）的面目出现。Jekyll and Hyde 后喻指具有双重人格的人。——译者注

第三章　心灵的能量（力比多理论）

到目前为止，我已经依据荣格的构思和写作，描述了自我意识和情结这两种基本的心灵结构。现在我将考虑启动这些结构并赋予它们生命的力量，也就是力比多（libido）。它是欲望和情绪，是心灵的生命之血。荣格称力比多为“心灵的能量”（psychic energy）。在前两章中，我经常使用“能量”一词，这是心灵的动态特征。荣格的力比多理论以一种抽象的方式将心灵各部分之间的关系概念化了。如果把心灵比作太阳系，这一章就是关于宇宙中影响各种物体的物理现象和力量。

从一般哲学意义上讲，心理能量这个主题已经被历代思想家研究过了。思考生命的力量、意志、激情和情绪、兴趣和欲望的潮起潮落等问题并不是什么新鲜和现代的东西。西方哲学家从赫拉克利特和柏拉图开始，东方哲学家自老子和孔子起就开始考虑这类问题。近几个世纪来，像叔本华、柏格森和尼采等哲学家也集中关注这些问题。如安东·麦斯麦（Anton Mesmer）提出了身体内的心理流体理论一样，医生们也开始更多地以经验主义和准科学的方式研究心理运动和动机这个主题。19世纪著名的德国医学哲学家卡鲁斯（C. G. Carus）对潜意识进行了广泛深入的推测，他认为无意识是能量的来源并注意到它对意识的广泛影响。荣格提到了以上这些人物，以及冯·哈特曼、冯特、席勒和歌德，将他们作为自己思想的先驱。虽然弗洛伊德是现代心理学中“力比多”一词的鼻祖，也是荣格在讨论精神分析力比多理论时所推崇的人物，但他并不是唯一对荣格有影响的人，也不是荣格在他关于力比多和心灵能量的大量著作中唯一有所回应的人物。

事实上，关于心灵能量的本质和流动的观点是每一种人性哲学和心灵哲学的基础，因为这包含了作者对将活物与死物区别开来的动机和动态要素的看法。动静之间的区分是人类思想的一个基本范畴，它会自然而然引发人们对这两种存在状态之间差异的思考。为什么物体在空间中运动？为什么它们朝这个方向而不是另一个方向运动？在物理学中，对这些问题的回答形成了因果论和运动定律，如万有引力定律。同样的道理也适用于哲学和心理学，因果、动机和支配心灵运动的法则等问题在这些领域同样重要。在心理学中，这就变成了心灵、心灵的运动，以及心灵改变其他客体的力量问题。亚里士多德思考过这个问题。心灵能量存在于有生命的身体而不是尸体中；它存在于所有清醒的生命和梦境的生命中；用电来做比喻的话，它是区分电源“开”和“关”的事物。不过这究竟是什么呢？

性与力比多

叔本华将人类活动和思想的原动力称为“意志”，弗洛伊德称之为“力比多”。他选择这个术语，是强调人性中感官的、寻求快乐的元素。弗洛伊德认为心灵本质上是由性能量决定的。拉丁词“libido”特别适合此目的，因为他坚信性冲动是心灵生活的基础，是心灵运动的主要来源。一方面，弗洛伊德的性欲理论成为谈论性的一种礼貌方式，给性取一个拉丁名字，使这类谈话听起来有点医学意味；另一方面，这是一种进行准科学和抽象讨论的方式，讨论性如何推动和激励一个人从事各种不同的活动，以及最终在某些情况下如何导致神经症的态度和行为。

弗洛伊德的观点是，性欲即使不是所有，也是大多数心理过程和行为的主要动机。力比多是开动人类这台机器并使之运转的汽油，哪怕一个人可能从事的是拉小提琴或数钱这样看起来与性没什么联系的具体活动。性欲甚至是人类活动的主要动机，也是心理冲突的主要原因，这些冲突最终使人陷入神经症和严重精神疾病的纠缠之中，如妄想症和精神分裂症。归根结底，弗洛伊德想表明，个人和集体生活中的一切心灵能量的表现，至少在相当大的程度上，都可以归因于性驱力以及性驱力的升华或压抑。弗洛伊德特别想证明，性冲突是所有神经症和精神病的基础。

早在与弗洛伊德讨论心理学理论和临床实践时，荣格就对性至高无上的地位持保留意见，并明白地指出人类生活中可能还活跃着其他驱动力。例如，有一种基本的驱动力叫“饥饿”：

> 正如您所注意到的，我对您影响深远的观点持保留意见，有可能是由于我缺乏经验。但是，您不认为，从另一种基本驱动力——饥饿的角度来考虑一些近似现象可能更合适吗：例如，吃、吸吮（主要是由于饥饿）和接吻（主要是因为性欲）？
>
> 两个同时存在的情结总是必然会在心灵上结合在一起，因此，其中一个情结必然包含另一个情结的聚合于此的某些方面。[1]

这种不同意见已经出现在荣格1906年10月23日写给弗洛伊德的第二封信中。从这次合作一开始，荣格显然就已经对弗洛伊德坚持性冲突在心理病理学中的核心地位有所怀疑和保留。在此后几年里，他们对于驱力和心灵能量来源这个主题，通过更多信件和出版的作品彼此交换意见，而在是否坚持弗洛伊德学说的问题上，荣格的态度也是反反复复。“受制于弗洛伊德的个性，”荣格多年后在自传中写道，“我曾尽可能地抛开自己的判断，压抑自己的批评，这是与他合作的前提。”[2]在荣格早期的著作中，他有时听起来确实像一个真正的弗洛伊德式的还原论者，不过从书面记录中也可以清楚地看到，尽管他可能为了抚平双方关系中的分歧和可能的麻烦而有所保留，但他从来没有成为一个虔诚的弗洛伊德的信徒。

事实证明，如何将心灵的能量概念化以及如何命名的争论，已经不仅仅是一个小小的技术问题。虽然荣格早期的不同观点可能看起来有些琐碎和模糊，或者这些是基于对弗洛伊德理论的误解，其影响却很深，随着时间的推移，这导致了一些重大的哲学、理论和临床分歧。事实上，他们在力比多这个主题上的分歧最终成为划分他们之间核心理论的分歧点。争论的焦点是人性的概念和人类意识的意义。这些在一开始无法像事后诸葛亮那样清晰地预见到。荣格边走边学，从弗洛伊德那里学习，也从他的病人和许多其他地方学习。

在1928年发表的名篇《论心灵的能量》中，[3]荣格阐述了他对力比多这一主题深思熟虑后的观点。这篇论文是本章主要的参考资料。他在20世纪20年代中期写作这篇文章时，已经与弗洛伊德和精神分析运动分开了10多年。这篇文章冷静客观，而他早先关于这一主题的主要著作《力比多的转化与象征》［1916年由比阿特丽斯·辛克尔（Beatrice Hinkle）译成英文《无意识心理学》（*Psychology of the Unconscious*），我在本书中均使用这一书名］

则是仓促写就，带有尚未完全定型的狂热创造性思维的痕迹。在写作这部较早的著作时，他尚与弗洛伊德联系密切，作为国际精神分析协会主席，他显然还是弗洛伊德的传人和继任者。他把力比多理论作为一个次要问题来处理，但是在他被逐出门户之前，该文备受瞩目。作为历史背景，我将在这里简单介绍一下这部作品，然后再介绍荣格后来关于心灵能量的文章。

荣格在1911年11月14日给弗洛伊德的信中写道：

> 在我的《无意识心理学》第二部分，已经涉及对力比多理论的根本性讨论。在对施雷伯（Schreber）的分析中，您遇到了力比多问题（力比多的丧失＝现实的丧失），这是我们心理路径的交叉点之一。在我看来，《性学三论》（*Three Essays*）中阐述的力比多概念需要补充遗传的因素，以使其适用于早发性痴呆。[4]

荣格在这里提及的是他的《无意识心理学》第二部分的第二章《力比多的概念和遗传理论》。在这一章中，他讨论了前文信中提到的问题，即力比多（弗洛伊德在1905年《性学三论》中对性的定义）和自我意识［原文为fonction du reel，是法国精神病学家皮埃尔·让内（Pierre Janet）描述自我意识的术语］之间的关系。后者是否源于前者呢？如果自我意识是由性决定的对客体依恋的衍生物，那么，性的紊乱就会引起自我的紊乱，事实上，可以假定自我的干扰根源于性的干扰。弗洛伊德［以及柏林精神分析学家卡尔·亚伯拉罕（Karl Abraham）］想要论证的是，在精神病和精神分裂症中，自我的严重失调要归咎于性兴趣在客体世界中的丧失，因为现实功能和对客体的依附首先是由性兴趣产生的。然而，这是一个循环论证，荣格有力地指出了这一点。[5]取而代之的是，他为精神分裂症和精神病提供了另一种解释，不过这种解释将引起对力比多理论的基本修正。

荣格从他所谓的遗传而非描述性的立场开始探索。他仿照叔本华的意志概念，从性欲作为心灵能量这个广义的概念开始。“如您所知，”他带着些许歉意给弗洛伊德写信，“我总是要从外到内，从整体到部分地进行构思。”[6]从这个广义的观点来看，性欲的力比多只是更大的意志或生命力的一个分支。心灵能量的这条大河有几个分支，在人类进化史上，一些分支在某些时候比其他分支更突出。在人类发展的某些阶段，无论是集体还是个体层面，性欲的力比多都是比较突出且基本的，但在另一些阶段就不那么突出了。

此外，荣格还写道，可以说，那些曾经与性密切相关的活动，确实可以明确地看作是性本能的衍生，但经过人类意识和文化的进化，已经从性领域中分离出来，以至于与性不再有任何关系了：

> 因此，我们在动物身上发现了最初的艺术本能，这一本能为动物的繁殖服务，且仅限于繁殖季节的原初艺术本能。这些生物组织在器官固化和功能独立的过程中丧失了最初的性特征。即使音乐的性起源是不容置疑的，但如果把音乐纳入性的范畴，显然是一种拙劣的、没有美感的概括。类似的命名法将使我们把科隆大教堂归入矿物学，因为它是由石头建造的。[7]

在荣格看来，很明显，并不是所有心灵活动的表现形式都有着性的起源或目的，尽管它们在早期人类历史中可能曾有过这样的关联。然后，荣格从进化论的角度，推测那些曾经具有性意义和意图的活动，后来是如何转变为如同音乐和艺术一样与性无关的活动的。

心灵能量的转化

心灵的能量是如何从简单的本能表达、从强大冲动的释放（如因为饥饿而进食或一时兴起而交配）中，转化为文化的努力和表达（即高级美食或音乐制作）的呢？什么时候这些活动可以脱离“本能”这个词语的意义，而成为具有完全不同意义和目的的事物呢？

荣格在《无意识心理学》一书中认为，能量的这种转化可能是凭借人类心灵先天的类比能力而发生的。人类有能力，也有需要，用隐喻的方式来思考，这可能是这些转化过程背后的原因。比如说打猎就像寻找性伴侣一样，因此人类可以使用这个类比以产生对打猎的热情和兴奋。随着时间的推移，狩猎活动发展出自己的文化含义和动机并有了自己的生命。它不再需要性的隐喻，所以性也就不那么具体地适用于它了。然而，强烈类比的余留始终存在，这些余留使得对当代文化活动做性的还原解释成为可能。

由于倾向于进行类比，人类的意识和文化世界随着时间的推移而变得广阔起来：

> 借助幻想式类比的形态，更多的力比多似乎逐渐变得与性

> 无关，因为越来越多与幻想有关的事物代替了本属于性欲力比多的位置。新的事物常常被同化为性象征，随之而来的是世界观念的巨大扩展。[8]

古老的人类活动和意识世界在几千年里变得越来越性欲化，但同时也在去性欲化：性欲化是因为不断有更多的性类比被创造出来，去性欲化是因为这些类比越来越远离它们的源头。

荣格的观点是，在人类的意识和无意识生活中，隐喻、类比和符号逐渐取代了性动机和性思想。然而，性动机在病人心理生活的退行过程中会生动再现，这也是弗洛伊德思想的基础。到此时为止，荣格一直在丰富并证明这一观点，即大部分现代成年人的心理生活源于性，即使它与性本身不再有太多关系。在这一点上，他表现出来的与弗洛伊德正统学说之间的差异尚不会构成异端邪说。更关键的部分是在《无意识心理学》的最后一章《献祭》。这一章讨论了乱伦的主题。

在自传中，荣格回忆道：

> 在我写作这本关于力比多的书，到了《献祭》这一章的结尾时，我就知道出版这本书会让我失去与弗洛伊德的友谊。因为我打算在书中写下我自己对乱伦的看法，即力比多概念的决定性转化。……对我来说，乱伦只在极罕见的情况下才意味着复杂的个人问题。通常乱伦具有高度的宗教色彩，因此乱伦主题在几乎所有的宇宙学说和许多神话中起着决定性作用。但弗洛伊德坚持乱伦的字面解释，未能理解乱伦作为

> 一种象征的灵性意义。我知道在这个主题上他永远不可能接受我的任何观点。[9]

为什么荣格的乱伦概念是“力比多概念的决定性转化”呢？那是因为他对乱伦愿望不再拘泥于字面解释。弗洛伊德在乱伦愿望中看到了一个无意识的愿望——即从字面意义上理解——希望与实际的母亲发生性关系的愿望。但荣格将乱伦愿望象征性地解释为对留在儿时天堂的普遍渴望。当一个人面对生活中令人畏惧的挑战，要成长、要适应充满压力的环境时，这种渴望会更加明显。此时人可能想爬上床并用被子蒙住头。用荣格的象征解释来说，对“母亲的渴望”此时变成了退行到婴儿的依赖状态、回到童年、回到无意识和不想负责任的愿望。这也是许多药物和酒精成瘾背后的动机。因此，当乱伦幻想在神经症的治疗中出现时，荣格将其解释为对适应的抗拒，而不是实际的无意识愿望的出现或这种愿望的童年回忆。一些古代民族中的乱伦行为者，比如埃及法老，在荣格看来是具有宗教象征意义的，它表达的是一种特权地位，以及与神圣能量源泉的结合。这是与作为生命起源的母亲的结合，而不是字面上性欲的满足。事实上，荣格认为，性行为与乱伦几乎没有关系。乱伦是象征性的，而不是生物学上的欲望。

这种对心理主题和心灵意象的象征性解读，令弗洛伊德颇为不安。与弗洛伊德的学说相反，荣格认为，性欲并不是简单地由对特定对象的性欲构成，也不是寻求透过依附于固定的爱欲对象来释放（“宣泄”是一个虚假的精神分析术语）内在压力。力比多是“意志”。这里体现了荣格对叔本华的推崇。但荣格继续说，意志分为两部分：生的意志和死的意志。“在生命的前半部分，（力比多）的意志是生长，在生命的后半部分，它首先轻微，然后响亮地昭示着死的意志。”[10]令人惊奇的是，这种分成两个阶段的力比多和死亡意志的说法，比弗洛伊德的死亡本能理论早了大约10年，其源头很可能是荣格与其学生萨宾娜·斯皮勒林（Sabina Spielrein）的合作。需要指出的是，荣格在1952年修改《转化的象征》时，删除了文中的这句话。[11]当时，他已经把斯皮勒林从理论中删除了，不再坚持死亡本能的概念。

荣格在《无意识心理学》中长篇论述的献祭主题，是他关于意识成长和人格成熟发展需求的核心思想。如果人类一直束缚在乱伦欲望和行为的桎梏中，从象征的角度来说，就不会有走出童年的心灵活动。天堂就是家园。同时，由于无法适应严苛的环境，人类将无法茁壮成长。渴望永恒童年的乱伦愿望，在原始年代必须集体献祭，而每一个现代人也必须单独献祭，以促进意识中的活动向更广阔的意识发展。对荣格来说，这种走向心理成熟的运动是通过内部机制和动力自发产生的，它不一定要靠外在的威胁引发。乱伦的伟大献祭是自愿付出的，而不是（如弗洛伊德理论指出的）因为阉割的威胁。弗洛伊德的弑父理论或基于良知的赎罪理论，与荣格的思维方式格格不入。作为天性的一部分，人类自然而然地发展出良知、道德、文化。因此，文化是人类的天性。

在《无意识心理学》中，荣格提出了一个基本观点，即力比多的转变不是通过性驱力和外部现实之间的冲突产生的，而是通过人性本身的内部机制干预产生的。这种机制使人为了发展而进行乱伦献祭。在许多宗教中都可以看到这项机制的运作，特别是荣格对此进行数次比较的密特拉教（Mithraism）和基督教中。

在职业生涯的这个阶段，荣格还没有把原型概念化为一种建构心灵和心灵能量的力量。这将在以后出现并使他在考察本能基础上的各种转化时独树一帜。他在1952年对1912—1913年的大量作品进行了修订并出版了《转化的象征》。这本书中，荣格在许多地方穿插了原型理论，以便更具体地阐明这一现象。但是，他在1913年还受到理论上的限制，只能含糊地谈及这样一个概念：人类的心理系统有一种自发式的运动，即满足本能的献祭，如果没有这种献祭，就不可能有我们所知的文化和人类意识。献祭说明能量从一种表现形式和运动转化为另一种形式，但当时仍不清楚是什么促使人类做出这种非同寻常的献祭。[12]此外，还有一个问题，即是什么引导着能量沿着特定的路径导向特定的职业和尝试。一个关键的想法是这可能与“象征”转化和引导力比多的能力有关。

鉴于在本能和力比多上采取的立场，荣格知道自己作为弗洛伊德继承人和王储的时日不多了。弗洛伊德不会容忍他的追随者之间存在广泛的意见分歧。一旦权威受到威胁，弗洛伊德就会要求思想上的臣服。荣格对此犹豫不决，这也是他们最后不欢而散的心理症结所在。[13]

不出所料，荣格与弗洛伊德的关系在《无意识心理学》第二部分出版后的几个月内就结束了。出版日期是1912年9月，这些材料当时出现在《精神分析与精神病理学研究杂志》（*Jahrbuch für psychoanalytische und psychopathologische Forschungen*）第六卷，荣格是此杂志的总编辑。对荣格来说，在力比多的定义和概念上与弗洛伊德发生分歧的全部意义在于避免弗氏严重的还原论，即认为意识生活和文化活动的每一种表现都可以归结为具有这种或那种性的味道。对弗洛伊德来说，坚持性的中心地位，是为了保留精神分析的洞察力优势，以了解文明人是如何回避真相并因不得不如此迂回地对待性而痛苦着。另外，荣格的目标是建立普遍的能量理论和普遍的心理学，而弗洛伊德则打算更深入地钻研心理生活中关于性、（后期）人类的破坏性以及死亡本能的扭曲和秘密。

到1928年，当荣格发表《论心灵的能量》时，他已经对这个问题思考了20年。他在这篇文章中的详细论证和对各种权威文献的引用，仍然反映了他与弗洛伊德及其精神分析理论的分歧，但也表明了他希望提出最有力的理由，证明力比多是心灵的能量这一普遍观点。

物理学模型

在技术细节层面，荣格对物理学并不熟悉，不过20世纪初的苏黎世，物理学正大行其道，这为思考心灵能量提供了一个模型。荣格认为物理学是一个隐喻，可以由此形成一套类似的对心灵能量的理解。物理学构建了一套详尽的能量理论，包括因果定律、熵定律、能量守恒定律、转换，等等。荣格从这些物理学定律出发，省略了数学公式和方程，开始对心灵进行概念化，这多少有点儿让人想起他早年在实验心理学中做的词语联想实验。荣格指出，人们倾向于以量化的方式来研究能量。[14]

他写道，能量是物质世界的抽象物，人们看不见、摸不着，也尝不到。谈论能量就是关注物体之间的关系，而不是物体本身。

例如，引力描述的是一个物体影响另一个物体的方式，但并没有具体说明相关物体的质量是什么。同样，荣格认为，关于心灵能量或力比多的理论，应该解释心灵世界中的物体（客体）是如何相互影响的。

荣格认为，能量是终极的概念，与（心灵）物体之间的运动或动能的传递有关，它们沿着一定梯度曲线不可逆转地移动，最终达到一种平衡状态。这类似于对物理中的连锁事件的描述：当一个物体撞上另一个物体时，第一个物体的速度减慢，第二个物体的动能增加。能量守恒定律适用于这一连续事件，能量不增也不减，所以第一个物体释放的能量必等于第二个物体接受的能量。这一点是可以精确测量的。因此，虽然能量是抽象的、无形的，但它的效果是可以观察到的，打台球的人都知道这一点。荣格将这一模型应用于心灵，本文就是从能量迁移和运动的视角来测量心灵能量，考察心灵生活的。

荣格写道："共情导致机械论的观点，抽象导致能量论的观点。"[15]接着他将物理现实和心理现实中的机械论与能量论进行比较。这两种观点互不相容，但都是正确的。"因果机械论认为事件发生的顺序是a-b-c-d，即a引起b，b引起c，以此类推。"[16]它的重点是因果关系。第一个球撞到第二个球，第二个球又撞到第三个球。第一次碰撞引发一个效应，这个效应又引发另一个效应，以此类推。因此，可以追溯到效应的初始原因。"在这里，效应的概念是作为一种特定的性质，一种原因的'功效'出现的，换句话说，是作为一种推动力出现的。"[17]把这种观点运用到心理生活中，就意味着情结是由创伤引起的。创伤的力量进入心灵系统，引发一系列效应并持续多年，以症状的形式表现出来。从机械论的角度来看，创伤就是情结的起因。这种理解会带来对创伤受害者的共情。

“另一方面，”荣格写道，“终极能量观是这样看待这个顺序的：a–b–c是实现能量转换的手段，能量从a（即不可能的状态）流向b再到c，从而流向可能的状态d。这中间是没有因果关系的，考虑的只是效应的强度，完全忽略了因果效应。如果强度相同，我们也可以用w–x–y–z代替a–b–c–d。”[18]从终极能量观的角度来看，能量是沿着一定强度的梯度运动，从一个可能性较小的状态转移到一个可能性较大的状态，最终达到平衡。把这个观点应用到心理生活中——在这里人们就会明白荣格为什么认为这是抽象的，而不是共情的——无论一个人的生命最终归于何处，从心理或情感上说，梯度的强度都是为了达到某种平衡而形成的。平衡是目的，从这个意义上说，它是原因，而且是终极原因，一连串事件都起因于此。一切都明明白白。因果关系似乎就是个人的命运。[19]

不管出于什么原因，背后推动也好，未来的目标吸引着前进也好，能量都在运动。根据熵的物理定律，能量从较高的层次流向较低的层次，从可能性较小的强度状态流向可能性较大的强度状态；另一方面，根据负熵定律，能量向更复杂的状态流动。能量观把最终状态视为最重要的事实，而机械因果论的观点则关注最初将能量送入系统的动力，这两种观点都认为结果不是随机的或不可预测的，而且这两种观点都具有潜在的科学性。

需要注意的是，荣格在这里并不是讨论终极目的或意义问题。他经常被指责为神秘主义者，但他对把目的和意义投射到自然过程中的危险特别敏感。他认为终极能量观不是目的论，不是宗教意义上旨在寻求一个有意义的精神结论的自然和历史过程。他只是在谈论能量从较不可能转换成较可能的状态而已。有设计师在背后设计吗？上帝是否控制和引导能量并将其引向预定的结论和目标？诸如此类的问题在形而上学的意义上是有趣的，但是荣格并不想在这里讨论这类问题。他只是讨论能量从一个层次到另一个层次的转移。

虽然荣格的心理学理论在一些重要方面是终极论的，但他试图对因果论和终极论进行整合。他认为，弗洛伊德和阿德勒之间的分歧可以归结为因果心理学和终极心理学之间的差异。弗洛伊德的心理学（外向型）寻找原因，而阿德勒的终极心理学（内向型）则着眼于终点。阿德勒认为，无论一个人目前的生活状况怎么样，其构建都是为了在某种程度上满足个人需求和偏好。阿德勒的终极能量观与弗洛伊德的机械因果论立场完全冲突。荣格在寻找一个中间地带，一个能同时兼顾两种观点的立场。[20]

因果机械论模型和终极论模型对原始能量状态有不同的前提假设。因果机械论模型假设最初的状态是静止的。一开始什么都没有发生，在系统有外力干预介入并给它注入能量之前，不会发生什么。直到有人推了一个球，接着它撞到另一个球，于是一连串的事件发生了。而另一方面，终极能量观则假设最初就是高度能量化的状态，随着能量寻求更可能的状态，出现了运动模式，最后达到平衡和静止。例如，荣格可能会说，情结拥有特定的能量量子，如果心灵系统处于不平衡状态，就会引起运动。那么，情结不仅是反应性的，有时也可以是创造性的。如果情结不是主动的、创造性的，而只是反应性的，就不会有任何意义上的自主性。在一定条件下，情结会把某种不是由环境引发的幻想、欲望或思想注入自我意识。环境刺激只是引发或释放了束缚在情结中的能量。终极论认为情结只是在释放自身能量，最后回到一个较低的能量水平。它通过向意识主体引入某种思想、情感、情绪或幻想来做到这一点，这可能会导致这个人以某种方式行事。能量释放完后，情结又回到无意识潜伏状态，等待更多内在心理系统中积聚起来的能量或者外部刺激形成的聚合。

能量的来源

在《论心灵的能量》一文中，荣格并没有详细说明情结之能量的具体来源，只是说心灵的能量分布在心灵的各个组成部分，他感兴趣的是，研究怎样才能利用能量学的观点，追踪能量从一种状态转换到另一种状态时的分布。荣格提出的问题是：能量是如何在心灵内部运动的？为什么有的情结比其他情结更有能量，或者某个时刻比其他时候更有能量？源于心灵生物基础之上的本能能量，是如何转化为其他活动的？

情结以两种方式为自己收集新的心灵能量：一是从与它相关的新创伤中收集并用更多的材料充实它，二是从其原型核心的磁力中收集。这个原型核心又有两个吸收能量的来源。一方面，它的能量是由其所属的本能提供的。本能和原型是心灵这枚硬币的两面，我将在下一章中详细讨论。因此，原型意象从生物基础进入心灵（通过荣格称之为“心灵化”的过程），成为能量的吸收者。另一方面，原型也从其他来源吸收能量。他们融入文化、与他人交流，也融入精神本身，正如荣格在他后来的文章《论心灵的本质》（*On the Nature of the Psyche*）中所说的那样。心灵绝不是一个封闭的系统，而是借由身体和精神向世界开放的。

情结侵入意识，表明它已暂时变得比自我更有能量。其能量从情结流入自我系统，可能会淹没和占据自我。自我能否设法控制这股能量的涌入，是一个重要的实际问题。自我如何才能引导和利用有时看起来不守规矩的巨大的能量洪流呢？关键在于自我。例如，如果它足够强大坚定，就可以选择将涌入的能量引导到创建各种组织、边界或项目等活动中。否则，一个人可能会变得过度情绪紧张，功能失调。

因此，荣格并未把心理想象成一个封闭的能量系统。封闭的系统会走向熵，绝对封闭的系统最终稳定在一个完全静止的状态。荣格认为，心灵系统只是相对封闭的。健康的心灵在一定程度上是封闭的，也确实呈现出熵的趋势，但它也是开放的，因为它会受到周边环境的滋养和影响。严密封闭的心灵系统是病态的，往往将自己隔绝在外部影响之外，以至于不能进行心理治疗。例如，偏执型精神分裂症就是这样一个紧锁的心灵系统，结果就导致心灵完全停滞不前，思想态度僵化，日益孤立，只有生物治疗才能对此有所影响。

在健康的人格中，心灵能量也在一定程度上遵循熵的规律。随着时间的推移，心灵会出现保守和逐渐停滞的趋势。随着年龄的增长，改变变得更加困难。通过激烈互动而产生能量的心灵的两极，最后会接近稳定和调和的状态。这一事实表明，正常的心灵系统只是相对开放的，多少有些封闭。能量分布往往是由高位向低位运动，类似于水流向所能到达的最低处流动。

心灵能量的测量

在这篇文章中，荣格想了解如何科学地测量这种能量状态。他建议，可以通过估算价值来实现。对一种态度或活动所赋予的价值多少表明了能量的强度水平。然而，对此进行量化是有困难的。如果一个人想要对自己的意识内容和关注点——政治、宗教、金钱、性、事业、人际关系和家庭——做一个清点，对每个条目按1到100打分，就会对能量在意识内容中的分配有所感觉。很明显，这种分配每天、每年、每10年都会有波动。个人如何真正知道心灵赋予某项事物的价值究竟有多少呢？这很容易自欺欺人。意识内容的清单可以用量表来评定，但在没有经过检验之前，无法确定这些评定的准确性。只有当一个人被迫在两种或两种以上有吸引力的事物之间进行选择时，他才会真正确定它们的相对价值是多少。一个酒鬼如果被迫在喝更多酒和妻子、家庭之间选择，他将很难做出承诺，但这样的危机也会考验他戒酒的承诺。消费习惯能够为一个人实际的价值观，而不是个人所认为的价值观提供重要线索。金钱的流向象征着能量，是显示价值强度的一种方式。人们自愿为自己高度重视的东西花钱。

这些都是可以测量意识内容能量值的方法。但无意识内容的价值呢？如何测量？这不能单靠内省来完成，因为自我通常无法深入无意识深处。情结会做出自我不会做的选择。有必要找寻一种间接的测量方法，荣格认为词语联想实验就是这样一种方法。一个情结的能量水平是由与它相关的情结指标的数量来表示的。一旦明白了这一点，就可以对它的能量潜力做出估算。随着时间的推移，人们也会根据经验了解到哪些情结会产生最强烈的情绪反应。这些敏感区域最好不要暴露在公众场合和礼仪社会中，因为可想而知一个人的反应会无比激烈。一些围绕着性、宗教、金钱或权力等问题的集体情结，几乎在某种程度上影响着每个人，如果被严重激发，可能会导致能量的激烈释放，甚至引发战争。日常生活中干扰的强度和频率是衡量无意识情结能量水平的有用指标。一项心灵内容的能量水平可以通过积极或消极的情绪和反应来表示。从能量的角度来看，这种情感的区分并没有任何差异。

身心合一

荣格在这篇文章中，重复了他大约15年前在《无意识心理学》中的论述，即心灵能量是生命能量的一个子类别。有些人就是拥有大量的能量，有些人则较少。例如，据说林登·约翰逊似乎比周围任何人都拥有更多的腺体，可以凭纯粹的能量就能征服他人。作为一名参议员，他在履行多数派领袖常规职责的同时，每天还给选民写250封信。有的人拥有巨大的原始能量，而有的人却几乎不能下床走到早餐桌前。从某种意义上说，生命的生理层面强烈地影响着心理，身体上的健康感受有助于一个人心灵能量的储备。但心灵与身体的关系是复杂的，往往还是矛盾的。例如，尼采在写作充满诗意的名著《查拉图斯特拉如是说》时，身患重病，痛苦不堪；海因里希·海涅在身体的剧痛中度过了生命的最后10年，但他在这一时期创作了数百首歌曲、诗歌以及其他高水准的文学作品。这些天才的努力所需要的巨大心灵能量，不能用只有健康的身体才能产生适于工作的心灵能量这一简单理由来解释，不只是能量从身体转移到了灵魂和思想上这么简单。

由于这些难题的存在，一些思想家把生理和心理看作是两个相对独立的平行系统。这样做的好处是保持了每个系统的整体性，否认心灵能量可以还原为物理能量。但荣格并不满足于这种模型，即使他强烈反对生物还原论。他肯定了两个系统的存在，但认为它们的相互作用是如此错综复杂，而且大多数情况下深埋在无意识中，以至于很难界定这两个系统的边界。在某些方面，它们是独立的，但在另一些方面，它们又盘根错节地相互关联、相互依赖。身心问题在荣格的著作中多次出现，我将在后面的章节中再次提及。在《论心灵的能量》一文中，他只是暗示了这个问题。

由于身心统一体只是一个相对的而不是绝对封闭的系统，熵定律和能量守恒定律都不能在其中精确运作。然而，从实际角度讲，二者之间存在很强的相关性。如果一个人对某件事的兴趣减弱或消失，同样数量的能量往往会出现在其他地方。这两个兴趣对象可能没有任何明显的联系，系统的总能量却保持恒定。另一方面，有时大量的能量会完全消失，使得一个人变得无精打采或抑郁不振。荣格说，在这种情况下，能量已经撤回。它已经从意识中抽干，又回到了无意识状态。

能量、运动和方向

力比多的“退行”和“前行”是荣格理论中的重要术语，它们指的是能量运动的方向。在前行时，力比多被用来适应生活和环境。个人利用它才得以在这个世界上活动，并且在所选择的活动中尽情地使用这种能量。这个人此刻就正在经历积极的心灵能量流动。但是，假设这个人在一次重要的考试中失败了，或者在公司动荡中被分流了，或者失去了心爱的伴侣或孩子，力比多的前行就可能会停止，生活掐灭了它前行的动力，能量的流动也逆转了方向。它进入退行状态，消失于无意识中并在那里激活了情结。曾经连接在一起的两极可能因此分裂开来，它们现在成为交战的对立面。现在自我意识可能有一套原则和价值观，而无意识则采取了相反的立场。人被内心的冲突撕裂而瘫痪。在前行过程中，自性内部的两极相互平衡，产生前行的能量。人或许也是矛盾的，但这是适应现实的方式。在退行的过程中，能量之流回到心灵系统中并失去了适应能力。两极分化时，会产生严重的矛盾，使生命瘫痪。随之而来的是停滞，是与非相互抵消，人无法动弹。

荣格指出，能量没有用于适应世界，没有在向前运动时，就会激活情结，并且按照自我所失去的能量的比例来补充其能量潜力。这就是适用于心灵的能量守恒定律。能量不会从系统中消失，而是从意识中消失。而且，这通常会导致抑郁、严重的矛盾心理、内部冲突、不确定、怀疑、猜忌和丧失动力。

虽然力比多的前行促进了个体对世界的适应，诡异的是，退行也带来了新的发展可能。退行激活了内心世界。内心世界一旦被激活，个人就被迫与之打交道，而后出于对后果的考虑，开始对生活进行新的适应。当力比多再次开始前行时，这种向内适应的运动最终会走向新的外在适应。但是，正是因为与无意识中的情结、个人历史、弱点、过失以及其他所有在力比多退行过程中浮现的麻烦和痛苦问题进行对抗，现在这个人更成熟了（我将在第八章中更详细地讨论荣格的自性化概念）。

需要注意的是，荣格一方面明确区分了力比多的前行和退行，另一方面又明确区分了外倾和内倾态度。初学者很容易把它们混淆。内倾者以自己的方式前行，以内倾的方式适应世界，而外倾者则以外倾的方式前行。退行也是如此。例如，一个外倾思维型的人，习惯性地通过思考来待人处世，在生活中遇到不能非常有效地发挥这种功能的情况时，就会遭遇失败。人际关系问题通常不能用外倾思维来解决，而是需要一种完全不同的方法。当这个人的优势功能变得无用时，挫折感和失败感便占据上风，因为此时突然需要其他功能，而这些功能又不是现成的。于是，力比多退行，通常会激活劣势功能，在这种情况下，就是内倾情感在发挥作用。正如荣格所指出的，劣势功能是无意识的，当它出现在意识中时，往往带着黑暗深处的烂泥。经过整合的情感功能是自我的工具，它是一种精细的理性分辨功能，通过建立价值观来指引人。然而，一个从无意识中涌上来的劣势的、无差别的情感功能，只能提供少量关于价值观的指导，且只是用醒目的字眼叫嚣：“这是我一生中最重要的东西！ 没有它我就活不下去！”它是高度情绪化的。一般来说，劣势功能很明显缺乏适应性技巧，但自我受到鼓动，要以这种方式运用进入意识的情绪和思想，由此开始适应人格中隐藏的一面——无意识。

相比之下，那些在前半生与他人关系良好而获益颇多的人，到了一定程度，就不再满足于此了。高度发达的外倾情感功能已经不能满足灵魂的需求，其他的潜能也需要开发。也许内倾的直觉思维型活动（研究哲学或神学）在向他们招手，这似乎比与朋友共进午餐或假期的家庭聚会更有吸引力。人的一生有许多重要的转折时期。

转化与象征

荣格深入而持久地关注这种转变是如何发生的。在《论心灵的能量》一文中，他对转化进行了正式的理论阐述。在《力比多的疏通》这一节中，[21]他提到了能量的自然梯度。梯度是能量流动的途径。在自然状态下——也就是在我们想象中的天堂状态下——不需要也不会发生这样的流动。就像舒舒服服地住在家里的宠物狗一样，吃饱睡足，也进行季节性的交配活动（如果没有被阉割的话）。所以，一个纯粹生活在自然状态下的人，只靠生理本能和欲望就可以生活。但是，人类创造了文化，又专于工作，这就预示着人类有能力将能量从自然梯度中引导出来，进入其他看似人为的途径。这种情况是如何发生的呢？

荣格认为自然和文化并不是截然对立的。相反，二者在根本上都属于人的本性。人类创造文化和专业的分工，是通过心灵对本能目标和活动的类比来实现的。这些类比物起着象征的作用。[22]像观念和意象这样的心理内容，将力比多从自然的梯度和客体中分离出来，再引导到新的方向。例如，幼儿心中浮现出和乳房意象一样吸引人的念头。这个在游戏中实现的念头，吸引到的能量比乳房更多，从而使孩子延迟满足吃奶的冲动，最终自发断奶。在以后的生活中，乳房的类比物或象征可能是一顿美食。“享受高级美食”的念头给成人带来的抚慰，与丰满乳房意象给幼儿带来的抚慰是一样的。这是因为某个观念或文化对象捕捉到了能量，否则能量就会固着在母亲的乳房上。乳房和餐厅都是心理发展到一定时刻对某物的象征所能表达的最好方式。

“象征”自身会吸收大量能量并塑造疏导和使用心灵能量的方式。传统上，宗教几乎完全依靠象征就吸引了大量的人类能量。通过使用象征，它们（宗教）在政治和经济上变得强大，但这些力量相对于支撑它们的象征性力量还是次要的。一旦去掉象征的力量，整个大厦就会坍塌。当宗教思想和仪式鲜活有力的时候，其巨大的吸引力足以把人的能量拉到某些特定活动和关心的事物中去。为什么象征比自然物体的层级更深？观念怎样才能比乳房或阴茎等本能的吸引物更有趣、更吸引人呢？

荣格很清楚，这并不是自我的决定造成的。1961年，匿名戒酒者协会的合作创始人之一“比尔・W”（William G. Wilson）写信给荣格，报告了罗兰・H（荣格在20世纪30年代初曾治疗过的一个酗酒病人）的命运。荣格的回应是，承认治疗师在克服病人的物质依赖方面基本上是无能为力的。[23]我对荣格的回信解读如下：“你需要一个象征，一个类比物，把酗酒的能量吸引过来。你必须找到一个比夜夜买醉更有趣、比伏特加酒瓶更吸引你的事物。”需要一个强有力的象征才能给一个酒鬼带来重大的转变，荣格也谈到了转换体验的必要性。象征是从人格的原型基础、集体无意识中产生的。它不是自我人为发明出来的，而是自发地从无意识中出现，特别是在有极大需求的时候。

象征是力比多的伟大组织者。荣格对“象征”一词的使用是精确的。象征不是标志。标志可以正确无误地解读和诠释，停车标志的意思就是“停车！”。按照荣格的理解，象征是对一些本质上不可知或在当前意识状态下不可知事物的最佳陈述或表达。对象征的解释是将象征的意义翻译成更容易理解的词汇和术语，但象征仍然是它所传达的意义的最佳现时表达。象征为人们揭开了神秘的面纱，它们将精神和本能、意象和驱力的元素结合在一起。正因为此，对高峰灵性状态和神秘体验的描述经常提到身体和本能的满足，如滋养和性行为。神秘主义者把与上帝合一的狂喜说成是一种性高潮体验，极有可能就是如此。象征体验将身体和灵魂统一在一种强大的、令人信服的整体感中。对荣格来说，象征之所以具有如此重要的意义，是因为它能够将自然能量转化为文化和精神的形式。在这篇文章中，他没有讨论象征在心灵中出现的时间。这在其他作品，特别是在晚期作品《共时性：一个非因果关系法则》（*Synchronicity: An Acausal Connecting Principle*）中有所讨论。[24]

转化和升华的差异，道出了荣格和弗洛伊德理论的基本区别。对弗洛伊德来说，文明人可以升华性欲，但升华只会产生这种欲望对象的替代品。力比多仍会依附在替代品上，不过这些替代品只是退而求其次的选择。实际上，力比多希望回归婴儿期，回到对父母的依恋，回到恋母幻想的满足。因此，弗洛伊德的分析，始终是还原性的。荣格也认为，力比多最初寻求的是母亲的身体，因为养育对婴儿的生存是必不可少的。后来，力比多被吸引到性渠道中并沿着这些梯度流动：生殖是物种生存的必要条件。但是，当力比多找到精神上的类似物，某个想法或意象时，就会流向那里，那就是它的目标，而不是因为这是性满足的替代品。对荣格来说，这就是力比多的转化，文化就产生于这些转化。文化是欲望的满足，而不是欲望的阻碍。荣格深信，人的本性形成了文化，创造了象征，并控制了能量，这样才能使其流动指向这些精神和心理内容。

第四章　心灵的边界
（本能、原型和集体无意识）

近代以前，地图绘制者们会给他们的作品打下鲜明的个人印记，你可以通过某些特征来识别地图，这些特征表明了地图出自某位创作者之手。它是一件艺术品，也是一件科学作品。到目前为止，荣格的心灵地图看起来与其他深度心理学的描述并没有什么不同。然而，到这一章，我们才开始研究它真正的特征。正是对“集体无意识”的探索和描述，才使荣格的心灵地图与众不同。

继续前一章讨论的有关心灵能量的话题。我想简单地表明，对荣格而言，原型是心灵能量和模式的主要来源。它成为心灵象征的终极来源，吸引能量，建构能量，最终带来了文明和文化的创造。从前面章节的线索可以看出，原型理论对荣格整体的心灵概念至关重要。事实上，它是荣格学说的基础。

然而，讨论荣格原型理论，意味着我们也必须考虑他的本能理论。荣格认为原型与本能有着深刻的联系。身心是相互关联、不可分割的。如果忽视了这一点，对原型意象的讨论就很容易陷入过度精神化和无根无据的心理学。要从心理学的立场而不是哲学或形而上学的立场来讨论原型，就必须立足于生活，因为生活根植于人的身体，原型也与个人历史和心理发展交织在一起。原型理论使荣格的心灵地图成为柏拉图式的，但荣格和柏拉图的不同之处在于，荣格研究的理念（Idea）是心理因素，而不是永恒的形式或抽象的概念。

正如我在本书的开头所言，荣格致力于探索心灵的最远边界。他如果不是一个系统的思想家，肯定也是个雄心勃勃的人，他的雄心推动他在那个时代超越了科学知识的界限，科学到今天仍然在试图跟上他的许多直觉。在进一步探索心灵黑暗未知领域的过程中，他的集体无意识理论对心理学和精神分析做出了最具原创性的贡献。人们有时会问，他所描述的心灵事实到底是发现还是发明。当一个地图绘制者描述的大陆是全新的、完全未知的和未开发的时候，这就是他的必然命运。早期的地图制作者不得不依靠直觉冒险猜测，也许还要查阅别人的地图，甚至研究古代文献。这些可能是有用的，但也可能会产生误导。荣格充分意识到这一领域的陷阱，他在阐述自己的设想时非常谨慎，一如他在最初捕捉到这些设想时非常大胆一样。[1]

本章我将主要参考荣格晚期理论的经典之作《论心灵的本质》（*On the Nature of the Psyche*）。这篇文章并没有像荣格在其他作品中，特别是在他晚期使用炼金术意象和文本的作品中那样，用他如此喜爱的华丽宏大的意象来描绘集体无意识这个领域。这是一篇严肃而抽象的理论论述，对于那些向荣格寻求远见灵感的人来说，相当艰深晦涩。但这部作品提供了其他理论依托的基石，如果不理解这个基本理论，其他内容看起来就像一个五花八门的动物园里住的各色动物，奇珍异彩，但没什么名堂。[2]坦白地说，以这种方式解读荣格的批评家们并没有理解荣格研究的本质。荣格在很多地方都解释过这些晦涩奇异的内容，但在这篇理论论文中尤其清晰。

这篇文章写于1945—1946年，1954年修订。我认为它可以说是荣格最全面综合的理论之作。要完全理解这篇文章，实际上需要对荣格以前的所有著作都有广泛的了解。这篇文章几乎没有提出什么新的思想，而是把过去30年里许多文章都忽略的线索进行了整合。接下来我将简要回顾这篇经典论文的思想脉络并提供了解这一思想重要性的背景脉络。

荣格从很早的时候就立志要创立一种普遍的心理学，这种心理学涵盖心灵高低远近的各个层面，是真正的心灵地图。这个抱负可以追溯到他职业生涯的早期。在1913年写给新成立的《精神分析评论》（*Psychoanalytical Review*）杂志编辑史密斯·伊利·杰利夫（Smith Ely Jelliffe）和威廉·阿兰森·怀特（William Alanson White）的一封信中，荣格提到了对这种新心理学的大胆设想，这封信后来发表在该杂志的第一期上。他赞赏编辑们计划“在杂志中结合各领域有能力的专家们的贡献”。[3]令人惊讶的是，他所列举的与心理学相关且有用的领域包括文字学、历史学、考古学、神话学、民俗学、民族学、哲学、神学、教育学和生物学！荣格写道，如果把所有这些专业知识都贡献给人类心灵的研究，将有机会达到“遗传心理学的远大目标，它将使我们医学心理学的视野变得清晰，就像比较解剖学在人体结构和功能方面已经取得的成就那样”。[4]荣格在这封信中还谈到了“心灵的比较解剖学”，[5]这将通过汇聚许多研究领域的专业知识来实现。他的目标是对心灵做一个宽广的概述并将其作为整体来把握，从中观察动态互动中的各个部分。

随着荣格更深入无意识素材的根源之中——主要是他的病人呈现的或在他自己的内省中发现的梦和幻想，他逐步将人类心灵的一些普遍结构理论化。这些结构不仅仅属于他自己或面前的个别病人，而是属于每个人。他把人类心灵的最底层命名为“集体无意识”，设想集体无意识的内容是普遍存在的模式和力量的组合，即“原型”和“本能”。在他看来，在这个层面上，人类没有什么个人的或独特的东西，每个人都有相同的原型和本能。要想获得独特性，必须在人格的其他地方寻找。他在《心理类型》（*Psychological Types*）和《分析心理学的两篇论文》（*Two Essays in Analytical Psychology*）中认为，真正的个体性是个人意识斗争的产物，他称之为“自性化过程”（见第八章）。自性化是一个人在较长时期内有意识地与心理矛盾接触的结果，而另一方面，本能和原型则是大自然对我们每个人的馈赠。古往今来，我们每一个人都平等地享有这些，无论贫富、人种，每个人都共享这些内容。荣格认为，这种普遍性是人类心理的一个基本特征。他在后期修订《父亲对一个人命运的影响》（*The Father in the Destiny of the Individual*）一文时，简洁地表达了这一主题：

> 人类“拥有”许多东西，这些东西从来不是后天习得的，而是从祖先那里继承而来。人出生时并不是一张白纸，而只是无意识而已。但随身带来的系统是有组织的并随时准备以某种特定的人类方式运作，这些都归功于数百万年的人类发展。正如鸟类的迁徙和筑巢本能从来都不是个体学会或习得的一样，人类一出生就带着他的本性草图，不仅有他的个人本性，还有他的集体本性。这套继承而来的系统与人类自原始时代以来就存在的情境相呼应，如青年和老年、出生和死亡、儿子和女儿、父亲和母亲等等。第一次体验到这些东西的只是个体无意识，而不是身体系统和潜意识。对他们来说，这是很久以前就形成的本能的习惯性运作。[6]

原型（心灵的普遍模式）

荣格原型概念的起源可以追溯到他1909—1912年的作品，当时他仍在与弗洛伊德合作，研究神话和撰写《无意识心理学》。在这部作品中，他研究了弗兰克·米勒（Frank Miller）小姐的幻想，这些幻想已经被他的朋友和日内瓦的同事古斯塔夫·弗卢努瓦（Gustav Flournoy）公开发表在一本书中。荣格想从他新近的想法出发，来探索这些幻想的意义，这种观点从他早期对会通灵的表妹海伦妮·普莱斯韦克的精神病学研究开始就一直酝酿着。接触弗兰克·米勒的幻想材料，成为荣格开始明确远离弗洛伊德力比多理论的契机，他也从此时开始探讨后来称为"集体无意识"的一般模式。

根据荣格的自传，他对无意识非个人化层面的第一印象来自1909年与弗洛伊德一起赴美航行时的一个梦。他梦到了一座有很多层的房子（在梦中被称为"我的房子"）。在梦中，他探索了房子的各个楼层，从主要楼层（现代）到地下室（近代），然后再往下穿过了几个地下室（古代，如希腊和罗马，最后是史前和旧石器时代）。这个梦回答了他在旅途中一直思索的问题，即："弗洛伊德的心理学建立的前提是什么？它属于人类思想的哪一个范畴？"[7]他写道，梦中的形象"对我来说成为一个指导意象，指引我"怎样去构思心灵的结构，"这是我对隐藏在个人心灵之下的一个先验集体的最初体验"。[8]

荣格第一次研究弗卢努瓦的作品时，对米勒小姐和她的个人生活史知之甚少。他思索道，这说不定对理论创造有益，因为这样一来，个人的联想和投射就不会影响到自己的思想了。不被一叶障目，他可以望向整片森林，自由地推想更普遍的心理学模式。他确实也满怀狂热与激情地这样做了。荣格在检视米勒小姐的幻想时，仅从描述的少数事实中想象她的真实状况：一个未婚的年轻女性，独自在欧洲旅行，喜欢上了一个意大利水手，却无法对她的情欲对象采取行动，未抒发的性欲力比多被压抑起来，陷入深深的退行。荣格利用当时所知的——主要从弗洛伊德和精神分析学家同行们那里学到的——心理动力学知识，同时大胆地扩展了其中一些理解，提出力比多也就是性欲本身，具有双重性质。一方面，它在性活动和快感中寻求满足；另一方面，它也抑制这种参与，甚至寻求相反的事物——死亡。他大胆地提出死的愿望与生的愿望相等，在一个人准备好走向死亡的后半生时，第二种愿望变得更加突出。人的心理与生俱来就有一种倾向，即牺牲性欲或其他方面的满足，以追求非性欲的倾向和欲望，这是无论多少性活动都无法满足的。

这是荣格在反思这位年轻女性的心理状况时的一个奇怪思路。一方面，米勒小姐显然是在寻找生活中的情欲出口，却又找不到。因此，她退行并试图升华。荣格认为，她的幻觉、诗歌创作、白日梦都显示出病前的征兆，可能最终导致心理疾病。另一方面，也许米勒小姐的性抑制反映了她的心灵内部更深层次的冲突，一种人类普遍的原型的冲突。还有一个更大的问题，涉及人类进化和发展的整个过程。荣格将其归结为在人类进化的过程中，性欲的力比多最初通过隐喻和类比被引导到文化的道路上，然后进入更深层次的转化，这些内容不再完全被定义为属于性的范畴。他在追踪米勒小姐力比多波动的同时，也在抵达一种全新的文化理论。难怪许多读者都觉得这本书难以理解。

在探索人类进化道路的过程中，荣格发现米勒小姐身上所发生的有点儿病态的事情与过去几百上千年乃至几十万年前发生的事情有许多相似之处。他勾勒出了英雄神话的聚合（情结），赋予这位英雄一个意识创造的角色。英雄是基本的人类模式——是男女都有的特征——这个模式要求，成为英雄必须要牺牲“母亲”，也就是舍弃被动的孩子气态度，主动承担起生活的责任，以一种成熟的方式面对现实。英雄原型要求告别幼稚的幻想思维，坚持以主动的方式参与现实。如果人类不能接受这一挑战，早就被淘汰了。不过，为了始终如一地迎接现实，就要极大地压抑欲望和对童年舒适生活的渴望。这就是米勒小姐的困境：她面临着长大成人、完成成人生活角色的任务，而她却在挑战中退缩了。她没有放弃幻想的思维方式，却在一个病态的虚幻世界里迷失了方向，而这个虚幻世界与她的现实相对无关。她极度退行到了“母亲”在身边的状态。问题是，她会不会一直困在那种状态，就像冥府里的忒修斯一样，再也回不来了？荣格不是很确定，但猜测她可能会患上精神病。

在研究弗兰克·米勒的这些幻想时，荣格搜集了大量来自世界各地偏远角落的相关神话、童话和宗教母题来阐释她的这些意象。这些素材的惊人的相似之处令他惊叹不已并在内心思索，为什么这个女人会自发地创作出类似于埃及神话、澳大利亚土著部落和美国土著民族的意象和主题。为什么这种惊人的相似之处似乎不费吹灰之力就在人类的头脑中出现？这意味着什么？他把这些事实和他逐级下降到地下室的梦联系起来，意识到他发现了潜意识存在集体层面的证据。这意味着，无意识中有一些内容不是由于意识的压抑而存在的；它一开始就在那里。

必须指出的是，弗洛伊德也对探究普遍的心灵模式很感兴趣，但他采取的方式完全不同。弗洛伊德寻找的是一个单一的无意识愿望——一个中心情结——来解释所有的心灵冲突，而且他认为已经在原始部落的故事中找到了。当荣格在写《无意识心理学》的时候，弗洛伊德在写《图腾与禁忌》（*Totem and Taboo*）。弗洛伊德一手拿着临床材料，一手捧着弗雷泽（Frazer）的《金枝》（*Golden Bough*），正在进行一个与荣格类似的项目。比赛已经开始了，究竟谁会先有伟大的发现呢？不管弗洛伊德的和荣格的版本孰优孰劣，它们的共同点是人的心灵和身体一样，都有着普遍的结构，这可以通过阐释和比较的方法来发现。

因此，从某种意义上说，弗洛伊德和荣格一样，提出了某种原型理论。他关于古代残留物的概念承认了古代的模式。虽然弗洛伊德对这些材料的态度与荣格关于神话及其与心灵关系的讨论大相径庭，但两人仍然遵循相似的思路并得出了相似的结论。

无意识

荣格在互不相关的历史时期和地点，发现了个体和集体意象与神话之间的相似之处，这更促使他想要进行某种解释。精神病意象、梦的意象和个人幻想与集体的神话、宗教意象和思想是否有一个共同的起源？荣格在探索人类思维和想象的共同点。为了进一步开展这项研究，他必须让病人说出他们的无意识幻想和念头。

在《论心灵的本质》一文中，荣格讲述了他如何激活病人的幻想活动。“我经常观察到一些病人，他们的梦指向一个丰富的幻想材料的宝库。同样，他们本人给我的印象是，心中充满了幻想，却无法告诉我内心的压力到底在哪里。因此，我从病人的梦中意象或联想出发，给他任务去阐述或发展他的主题，任其自由发挥自己的幻想。”[9]弗洛伊德的自由联想技术与此相似，但荣格让想象走得更远、更自由。他鼓励病人精心设计幻想的材料。“根据个人的品位和天赋，可以用任何方式来完成，戏剧的、辩证的、视觉的、声音的，或者以舞蹈、绘画、素描和模型的形式都可以。这种技术的结果是产生了大量复杂的设计，其多样性困惑了我很多年，直到我认识到，通过这种方法，我目睹了无意识过程的自发呈现，而这只是借由病人的技术能力得以实现的，后来我给这种无意识过程起了个名字叫‘自性化过程’。”[10]这是将无意识内容成像，使其进入意识的一种形式的过程。

> 起初我在工作中遇到的各种混乱意象，被简化为某种明确的主题和构成要素，它们以相同或类似的形式在差异巨大的个体间重复。我提到的最突出的特征有：混乱的多重性和秩序；二元对立，如明与暗、上与下、左与右的对立；对立面在第三者身上的统一；四位一体（quaternity）（正方形、十字形）；旋转（圆、球体）；最后是一些通常遵循四元体系的聚焦过程和放射状排列……根据我的经验，聚焦过程是整个发展过程中永远无法超越的高峰，它的治疗效果可能是最大的。[11]

荣格继续讲述“无意识的构成原理”。[12]除了考虑精神病患者的幻想材料，荣格对神经症患者的经验促使他认为这些主要的构成因素存在于无意识中。因为自我意识并不能决定这个过程，所以构成无意识的源头一定在别处。有些形式可能是由情结决定的，但另一些则是更原始和非个人的，不能用个人的生活经验来解释。

1946年，荣格在瑞士阿斯科纳的爱诺思（Eranos）圆桌会议上发表了这篇论文，他曾在这个会议上发表了许多重要论文。从1933年的首届会议到1960年，也就是他去世的前一年，荣格一直都有参加。来自世界各地的人每年在此会聚一堂，他们对心理学和宗教，尤其是东方宗教特别感兴趣。创始人奥尔加·弗罗贝·卡普坦（Olga Froebe Kapetyn）长期痴迷于东方思想和各种神秘主义，她召集著名专家一起讨论各种话题。这些听众似乎真的刺激了荣格，令他全力以赴。他们都是世界级的科学家和学者，对论文质量要求极高。

《论心灵的本质》是对荣格心理学理论的成熟总结。该文的史料部分涉及哲学和学术心理学中的无意识。荣格在此为无意识的定义、无意识与意识的关系以及心灵内部的动力学奠定了基础。无意识概念是所有深度心理学的基础，也是深度心理学与其他心理学的区别之处。荣格列举了心灵的可分裂性作为无意识存在的证据。例如，在某些意识改变的状态下，人们会发现某种升华的自性或主体，一个不是自我却表现出意向性和意志的内在人物。自我可以与这个子人格对话。这种“双重人格”现象表明，在一个人的人格中存在着两个不同的意识中心。荣格写道，这种现象也存在于所谓的正常人格中，即使人们没有意识到这个事实。

不过，一旦假设无意识心灵的存在，又该如何定义其界限呢？

它们到底能不能被定义，或者它们是如此不确定，以至于几乎是无限的？作为科学家和思想家，荣格想要一些明确的定义，他在本文中提出了几个。其中最重要的一个理论概念是形成某种阈限的心灵的“精神”层面，即类心灵层面（psychoid aspect of the psyche）：

> 人耳能听到的声音频率在20~20000赫兹；肉眼可见光的波长在7700~3900埃。以此类推，我们可以想象，心灵事件也是有上限和下限的，与可感知的声光尺度相比，意识——这个卓越的知觉系统——也像它们一样可能有上限和下限。也许这种比较可以延伸到普遍的心灵，假设在心灵尺度的两端都存在“类心灵”过程，也不是不可能。[13]

荣格的心灵观认为，心灵沿着一个尺度移动，其外部界限逐渐消失，然后进入一个类心灵（即，像心灵一样的）区域。荣格承认他是从布洛伊勒那里借用的“类心灵”一词，布洛伊勒把这个词定义为“身体和中枢神经系统所有目的性、记忆术和维持生命功能的总和，但那些我们一直习惯于认为属于心理层面的皮质功能除外”。[14]因此，布洛伊勒提出了对以下两种功能的区分：（1）心灵功能，用荣格的话说，包括自我意识和无意识（个体的和集体的）；（2）身体和中枢神经系统的其他保存生命的功能，其中有些功能似乎是准心灵的。身体本身能够记忆和学习。例如，一旦你学会了骑自行车，就不需要有意识地回忆这项技能，身体会保留这项记忆。身体也是有目的性的，以保存生命为导向，在心灵的范围之外，以自己的方式为生存而斗争。荣格的研究基本上是围绕这套关于心灵、准心灵和非心灵的定义进行。

荣格在许多作品中使用了布洛伊勒的“类心灵”一词，但也有所保留。他批评布洛伊勒把类心灵的事物与特定的身体器官过度联系在一起并鼓吹一种泛灵论，即一切有生命的物体都存在心灵。对荣格来说，类心灵是描述与心灵类似或准心灵过程的一个术语，不过也不是完全如此。这个术语用来区分心灵功能和生命力功能。类心灵过程介于躯体的生命能量和纯粹的生理过程之间，也介于躯体的生命能量和真正的心灵过程之间。

本 能

论及此处，荣格提出了人类本能这个主题。本能植根于生理并以冲动、思想、记忆、幻想和情绪的形式进入心灵。可以肯定，本能的整个主题与人类有关。因为人类具有依据所谓的本能冲动进行选择、反思、行动或不行动的能力，其他动物则没有，所以本能在人类行为中究竟发挥多大作用是值得怀疑的。荣格发现，与动物相比，人类行为的本能方面远没有那么具有决定性。然而，人们在一定程度上受到生理需求和过程，而不是心理需求和过程的影响。用让内的术语，荣格将其称为人类存在的“低级部分”（partie inferieur）。这一部分受荷尔蒙控制并具有强制性，这导致一些人称其为“驱力”。[15]只要荷尔蒙决定了我们的行为或感觉，我们就会受制于驱力和本能。低级部分，也就是心灵的躯体层面，受到生理过程的强烈影响。

在认识到这一躯体的基质后，荣格写道：

> 从这些反思中可以看出，心灵是从本能形式和强制性中解放出来的功能，当本能作为功能的唯一决定因素时，便会固化成一种机制。功能失去其外在和内在的决定性，而得以更广泛自由地应用时，心灵的条件或品质就开始形成了……[16]

随着信息穿过类心灵区域，从躯体抵达心灵，生物决定论的作用就大大减弱，继而让位给更“广泛和自由的应用……并由此开始表明自己也可以被其他来源的意志所激发”。[17]意志的出现对心灵功能的建立起决定性作用。例如，饥饿和性欲是基于身体的驱力，包括荷尔蒙的释放。两者都是本能。人必须进食，而身体也渴望性的释放。但同时意志也参与其中，因为人们可以选择吃什么或者如何满足自己的性冲动。即使意志不能在各个方面完全控制一个人的最终行为，也可以在一定程度上进行干预。

如果说在这个心灵地图的躯体端（低级部分）对心灵有限制的话，那对意识端“高级部分”也有限制。“随着高级部分（意识）从纯粹的本能中获得越来越多的自由，它最终将达到一个点，在这个点上，功能的内在能量彻底摆脱了原始意义上的本能导向，获得了一种所谓的‘灵性’形态。”[18]本能在某种程度上失去了对心灵的控制，但其他因素会参与进来控制和引导心灵。荣格将这些因素称为“灵性的”，但德语“geistlich”的翻译在这里出现了问题。另一个同样好用的英语形容词是mental（心智的）。这些控制因素是心智上的——与心灵有关。就像希腊词“灵性”一样——它们不再基于有机体。这些因素可以像本能一样运作，在某种意义上召唤意志行动，甚至可以使身体分泌荷尔蒙。荣格希望将整个躯体、心理和精神系统统一起来，同时也保留各子系统之间的区别。

自我部分是由本能驱动，部分是由心理形式和意象驱动。在众多选项中，自我拥有某种选择的自由。它享有一定程度“可支配的力比多”，[19]即使它的动机是以本能为基础或受精神支配。作为曾经的生物学家和医学心理学家，荣格不想远离驱力和本能。即使是决定心理本质的意志，也是由生物驱动力所激发的。“意志的动机首先在本质上具有生物性。”[20]然而，本能在心灵谱系的精神端失去了效力，“在……心灵的顶端，功能摆脱了其原始目标，本能不再作为意志的推动者。通过改变其形式，功能被迫为其他明显与本能毫不相关的决定因素或动机服务”。[21]

> 我想阐明一个显著的事实，即意志不能越过心灵领域的界限：它不能强迫本能，也不能支配精神，至少就我们所理解的而言，这是一种比理智更为重要的东西。精神和本能在本质上是自主的，两者在同等程度上限制了意志的应用范围。[22]

类心理区域界定了人类功能中潜在可知与完全不可知——即潜在可控与完全不可控——之间的灰色地带。这不是一个清晰的范围，而是一个转换的区域。类心理的阈值显示出荣格所说的“心灵化”效应：非心灵的信息变得“心灵化”了，这是一个从不可知变成未知（无意识心灵），然后向已知（自我意识）发展的过程。简而言之，人类的心灵装置显示出一种将非心灵现实的躯体和精神两端的材料心灵化的能力。

如果一个人在临床上具体观察心理生活，会发现与本能有关的驱力内容永远不会完全脱离心理形式和意象的影响。事实上两者总是兼而有之。这是因为本能“自身承载着一种情境模式。它总是要满足某种意象，而这种意象又具有固定的性质”。[23]本能的功能非常明确，因为它们是由意象引导、由模式塑造的，这也构成了本能的意义。荣格在其论文的这个地方将原型——基本的心理模式——与本能联系起来。本能受到原型意象的引导，不过另一方面，原型也可以像本能一样行事：

> 就原型通过调节、修改和激励来干预意识内容的形成而言，它们的行为就像本能。因此，我们很自然地认为这些因素（原型）与本能有关，并探究这些集体形式原则所代表的典型情境模式最终是否与本能模式，即与行为模式相同。[24]

原型模式和本能驱力是如此紧密地联系在一起，以至于人们可能会倾向于将其中一个还原为另一个，宣称其中一个是第一位的。弗洛伊德就是这样选择的，但荣格拒绝了这种观点，认为这是生物还原论。弗洛伊德认为原型（尽管他没有使用这个术语）只不过是爱和死亡这两种基本本能的意象表征。这一观点假设原型是本能的意象并从本能衍生而来。荣格承认，这个论点令人生畏。“我必须承认，到目前为止，我还没有找到任何能够最终驳斥这种可能性的论点。”[25]由于荣格不能明确证明原型和本能是不相同的，生物还原论仍然具有某种可能性。然而，他也知道：

> 原型出现时，有明显的超自然特征，如果用“魔幻”一词描述太过强烈的话，就只能说它是“灵性的”。因此，这一现象对宗教心理学具有极其重要的意义。就其效果而言，它一点也不含糊。它可以治愈，也可以破坏，绝对不会毫无反应、无动于衷，当然前提是它已达到了一定的清晰度。在这方面它配得上“灵性”的称号。在梦境或幻想中，原型经常以精灵的形式出现，有时甚至表现得像个幽灵。它的超自然性有一种神秘的光环，对情绪也有相应的影响。它把那些自以为没有任何这种弱点的人的哲学和宗教信念动员起来。它常常以无与伦比的激情和无情的逻辑驱使着人们走向它的目标，将人们吸引到它的魔咒之下，尽管他们已进行了最绝望的抵抗，但还是无法，最后甚至不再愿意挣脱，因为这种经历所带来的意义，其深度和丰富是以前无法想象的。[26]

原型意象和由其衍生出来的念头具有支配意识的非凡力量，完全与可识别的本能一样强大。这使得荣格相信，原型不局限于本能，精神不可还原为身体，心理也不可还原为大脑。

当自我遇到原型意象时，可能会被俘获而不知所措，甚至放弃抵抗，因为这种体验是如此丰富而有意义。对原型意象和能量的认同，构成了荣格对自我膨胀，甚至最终对精神病的定义。例如，富有超凡魅力的领导者，用强有力的语言和令人鼓舞的想法说服群众采取行动，突然间，这些想法就成了被蛊惑的追随者和真正的信徒们生命中最重要的事情。生命本身可能会为国旗或十字架等意象，以及为诸如民族主义、爱国主义和对宗教或国家的忠诚而牺牲。十字军东征和无数其他非理性或不切实际的行为，都是因为参与者觉得“这让我的生活变得有意义！这是我做过的最重要的事情”。意象和想法有力地激励着自我并产生价值和意义。认知经常凌驾于本能之上并支配着本能。

与本能对心灵的影响相反——当一个人感到受生理需要或需求驱动时——原型的影响使他陷入巨大的想法和幻象中。两者都以相似的方式动态地影响着自我，自我由此被掌控、俘获和驱使。

“尽管原型也许因与本能的密切关系，代表了精神的真实元素，但这种精神不能与人类的智识等同，它是后者的精神指引（spiritus rector）。”[27]精神和智识之间的区别很容易混淆，因此荣格力图清楚地表明，他说的不是思维功能，而是指导自我及其各种功能的精神指引（起指导作用的精神）。被原型控制后，一个人的思维功能可能会将原型的理念理性化并付诸实现。他甚至可能会变成一位神学家！当神学家被原型理念捕获时，会创造详细的理论依据，帮助他们将基于原型的幻象和理念整合到文化背景中。但真正控制、激励他们努力的并不是思维功能，而是植根于精神、指导思维功能的原型幻象。荣格坦率地说：“所有神话、宗教和主义的基本内容都是原型。”[28]

原型与本能的关系

虽然本能和原型确实属于“对应关系”，[29]不过很明显，荣格并不认为，原型可以还原为本能或本能可以还原为原型。处于对应关系的这两者密切相关，它们“作为彼此的对立面并存于我们心中，是所有心灵能量的基础”。[30]心理存在于纯净的身体和超然的心灵之间，存在于物质和精神之间，“心理过程似乎是精神和本能之间能量流动的平衡”。[31]心理是介于两者之间的现象，这一过程“表现得像一个天平，意识沿着这个天平‘滑动’。有时，它发现自己在本能附近，受到本能的影响；有时，它滑向另一端，在那里精神占主导地位，甚至同化了与它最相反的本能过程”。[32]在低级部分与高级部分之间，在心灵的本能极和精神、原型极之间，存在着一种永恒的穿梭。意识一方面“在经常性的恐慌中挣扎，避免被纯粹本能的原始状态和无意识吞噬”；[33]另一方面，它也抵制精神力量（即精神病）的完全掌控。然而，在两者协调时，原型为本能提供了形式和意义，而本能为原型形象提供了原始的物质能量，以帮助它们实现“整个人类本性为之奋斗的精神目标。它是百川所归的大海，也是英雄与恶龙搏斗的奖赏”。[34]

荣格把心理绘制成一个光谱，原型在紫外线端，本能在红外线端。“因为原型是本能力量的形成原则，它的蓝色被红色污染了，看起来是紫色。或者也可以把这个比喻解释为本能的复原上升到了更高的频率，就像我们可以很容易地从一个潜在的（即超越的）波长更长的原型中获得本能一样。”[35]在实际经验中，本能和原型总是以混合的形式，而不是纯粹的形式出现。心灵谱系中的原型和本能两端结合在无意识里，相互斗争，相互交融，联合起来共同形成能量和动机的基本单位，然后在意识中以冲动、奋斗、理念和意象的形式出现。我们在心灵中体验到的内容首先被心灵化，然后被包装在无意识中。

请想象一下，有一条线穿过心灵将本能和精神连接起来。这条线一端连着原型，另一端连着本能。它穿过类心灵地带，将信息和数据传入集体无意识，然后进入个人无意识，再由此进入意识。本能的感知和原型的象征是实际心灵体验的内容，并不是本能和原型本身。这个谱系的任何一端都不能被直接体验到，因为它们都不属于心灵。心灵在这两端逐渐衰退为物质或精神。而且，我们体验到的原型意象“是各种各样的结构，它们都指向一个本质上‘不可表征的’基本形式”。[36]所有的原型信息模式都来自同一个超越人类理解范围的单一源头，荣格称其为“自性”。这个基本形式“以某些形成要素和基本意义为特征，尽管只能对这些要素和意义有个大致掌握”。[37]这是荣格使用的一个神圣的术语。（我将在第七章中详细讨论自性）。连接自性和自我意识的原型意象形成了一个中间区域，荣格称之为“阿尼玛”和“阿尼姆斯”，这是属于灵魂的领域（见第六章）。在荣格看来，多神教起源于并且代表阿尼玛和阿尼姆斯，一神教则基于并指向自性原型。

在荣格的地图上，心灵是位于纯粹物质和纯粹精神、身体和超验心灵、本能和原型之间的地带。他指出这个地带是一个谱系两端之间的延伸，这个谱系的两端都是开放的，允许信息进入。在心灵的末端是产生准心灵作用的类心灵区，如心身失调症状和超心理事件。当信息穿过类心灵区时，就被心灵化并转变为心灵内容。在心灵中，物质和精神相遇了。这些信息包首先进入集体无意识，在那里它们会被无意识中的其他内容污染，最终可能以直觉、幻象、梦境、本能感知、意象、情绪和理念的形式进入意识。自我处理新出现的无意识内容时，必须对其价值做出判断，有时还必须决定是否对其采取行动。如何以符合伦理的方式处理这些来自内在空间的入侵，成为加诸自我意识的负担。

第五章　在与他者关系中的显像与隐像（人格面具与阴影）

心灵由许多不同的意识部分和中心组成，这是荣格早期的一个观察发现——后来发展成为理论命题。在这个内在宇宙中，不止有一颗行星，而是有整个太阳系，甚至有更多星系。我们说人有一个人格，但事实上它是由一系列子人格组成的。

荣格对此做了详细的叙述。首先是自我情结；然后是众多较小的个人情结，其中母亲情结和父亲情结是最重要和最强大的；最后人们发现了许多原型意象和原型集合。从某种意义上说，我们是由许多潜在的不同态度和取向组成的，这些态度和取向很容易相互对立并产生冲突，从而导致神经质人格。在本章中，我将描述这些不同子人格中的一对，即阴影和人格面具。它们是一些互补的结构成分，存在于每个成熟的人的心灵中，都是以感觉经验中的具体物体命名。阴影是我们走向亮处时拖在我们身后的自身影像。它的对立面——人格面具（罗马语的意思是“演员的面具”）——是我们用来面对周围世界的面孔。

在生命之初，人格只是一个未分化的简单统一体。它是未成形的整体，更多是潜能而非实有。这种整体性在发展过程中开始逐渐分化成许多部分。自我意识产生了，随着它的成长，它将整个自性的大部分留在此时的“无意识”中。反过来，无意识变得结构化，围绕着意象、内化和创伤性体验的物质群而形成子人格，即情结。情结（正如我在第二章所讨论的那样）是自主的，表现出自己的意识。它们凝聚了一定数量的心灵能量，拥有自己的意志。

自我的阴影

阴影是自我无法控制的无意识心理因素之一。事实上，自我通常并没有意识到它竟然会投下阴影。荣格使用“阴影”一词来形容在意象层面上相对比较容易把握，但在实践和理论层面上则比较难处理的心理现实。他要强调的是大多数人身上都表现出的恶名昭彰的无意识。然而，与其将阴影看成一件东西，不如认为它是“在阴影中”（即隐藏在某人背后，黑暗中）或“阴影的”的心理特质或属性。人格的各部分如果得到整合，通常会成为自我的一部分，但如果与认知或情感不协调就会受到压抑而落入阴影之中。阴影的具体内容可能会改变，这取决于自我的态度和它的防御程度。一般来说，阴影是不道德的或至少是不光彩的，它包含了一个人与社会习俗和道德惯例相悖的本质特征。阴影是自我的意图、意愿和防御等操作的无意识的一面。可以说，它是自我的背面。

每个自我都有阴影，这是不可避免的。在适应和应对这个世界的过程中，自我在不知不觉中利用阴影来完成那些不得不陷入道德冲突才能处理的龌龊事。这些保护性和自我服务的活动是在不为自我所知的情况下，在黑暗中进行的。“阴影”的运作方式很像一个国家的秘密间谍系统——国家元首并不完全知情，因此可以否认自己有罪。虽然内省在某种程度上可以把这些阴暗的自我操作带入意识层面，但自我对阴影觉醒的防御通常是非常有效的，以至于极少有阴影能穿透这层防御。让密友或老夫老妻说出他们真实的想法，通常比内省更能有效地收集到自我的阴影运作的信息。

如果深入追踪自我的意愿、选择和意图，一个人就会进入黑暗和寒冷的领域，在那里，我们可以清楚地看到自我在阴影的笼罩下，可能变得极端自私、任性、无情和充满控制欲。此时一个人完全以自我为中心，想要不惜任何代价来满足个人对权力和享乐的欲望。这个在自我内部的黑暗之心正是在神话和故事中表现出来的对人类邪恶的定义。[1]莎士比亚《奥赛罗》中的伊阿古就是一个典型的例子。所有常见的重大罪恶都藏在阴影里。荣格认为，弗洛伊德所说的本我（id）即阴影。

如果阴影的特质在某种程度上被整合成意识的话，这个人就与一般人有很大的不同。大多数人都不知道自己是多么以自我为中心，他们想要表现得无私，并且能控制自己的欲望和快乐。人们倾向于将这些特质隐藏在一个体贴、周到、亲切、富有同理心和善于思考的外表之下，不让别人甚至自己看到。这种社会规范的例外是那些形成了“负面身份认同”的人——那些以自己的贪婪和侵略性为荣并在公众面前炫耀这些特征的害群之马，但在他们隐藏的阴影里，他们敏感而又多愁善感。其他的例外包括那些一无所有的人，彻头彻尾的罪犯和反社会者。一些臭名昭著的个人，比如希特勒，他们获得了巨大权力，可以尽情地、最大限度地放纵自己邪恶的欲望。然而，大多数人都认为自己在社交圈是正派的，品行端正，遵守规矩，只有在偶然的情况下，比如在梦中或者极端情况下，才会露出阴暗的一面。对他们而言，自我的阴暗面（即有阴影的那一面）仍然在运作，只不过是通过无意识来操纵环境和心灵，使特定的意图和需求以社会可接受的方式得到满足。然而，自我在阴影中想要的东西，其本身并不一定是坏的，一旦面对阴影，它往往并不像想象中的那么邪恶。

阴影不是自我直接体验到的。作为无意识，它常常是被投射到别人身上的。例如，一个人被另一个非常自负的人激怒时，这种反应通常是一个信号，表明无意识中的阴影元素发生了投射。自然，别人必须为阴影的投射提供一个“钩”，所以在强烈的情绪反应中，知觉和投射常常混合在一起。心理上幼稚的人或防御性抵抗的人会关注知觉并为其辩护，从而忽略投射的部分。当然，这种防御性策略，排除了利用经验来获得对阴影特征的觉知并对它们进行整合的可能性。相反，防御性自我坚持认为自己是正义的，并把自己塑造成无辜的受害者或简单的观察者的角色。别人是邪恶的怪物，而自我感觉像是无辜的羔羊。替罪羊就在这样的动力下产生了。

阴影的形成

阴影这一内在结构的具体内容和性质是自我的发展过程所选择的。被自我意识所拒绝的内容成为阴影；它积极接受、认同并吸收的内容就成为自身和人格面具的一部分。阴影因其特质和性质与意识的自我和人格面具不相容，从而表现出不同的特点。阴影和人格面具都是与自我格格不入的“人”，与我们所知的意识人格一起居住在心灵里。荣格称人格面具是正式的“公众人物”，它或多或少认同自我意识，构成了个体的心理社会身份。然而，人格面具也像阴影一样，与自我是相异的，尽管自我在它面前更自在，因为它与社会规范和习俗相容。阴影人格是隐藏起来的，只在特殊场合显现出来，这个世界几乎没觉察到（阴影）这个人。人格面具就明显多了，它每天都扮演着适应社会的官方角色。阴影和人格面具就像一对兄弟或姐妹：一个是公开的，另一个是隐匿的。他/她们相对而生。如果一个是金发，另一个就是黑发；一个是理性的，另一个就是感性的。就像那喀索斯和戈德蒙德、杰科和海德、该隐和亚伯、夏娃和莉莉丝、阿弗洛狄忒和赫拉——他们都是成对出现的人物。两者相辅相成，或者更多时候是对立的。人格面具和阴影通常彼此完全相反，却像双胞胎一样亲密。

人格面具就是我们由于文化熏陶、教育以及对自然和社会环境适应而成为的那个人。正如我所提到的，荣格从罗马的舞台上借用了这个术语，“persona”的本义是指演员的面具。佩戴的面具表明演员在戏中扮演的特定角色和身份，其声音通过面具上的嘴状豁口传播出来。从心理学角度看，人格面具是一个功能性的情结，它既要隐藏，又要向他人表达个体的意识、思想和情感。作为情结，人格面具拥有相当大的自主性，不完全受自我控制。一旦进入角色，演员往往会不自觉地说出自己的台词。例如在一个雨天的早晨，有人问：“你好吗？”眨眼间你便不假思索地说：“挺好的。你呢？”人格面具使非正式社交更为顺畅，它能消除那些原本可能造成窘迫或社交痛苦的尴尬时刻。

阴影，是一个互补性的功能情结，是某种对立的人格面具。可以将阴影视为一个子人格，它的需求是人格面具所不允许的。歌德在《浮士德》中塑造的梅菲斯特就是一个典型的阴影人物。浮士德是一个百无聊赖的知识分子，他洞悉一切，读遍了所有重要的书籍，学会了所有他想知道的一切，现在他已经油尽灯枯，没有了活下去的意志。正当他郁郁寡欢，考虑自杀的时候，一只小狮子狗突然从他面前跑过，变成了梅菲斯特。梅菲斯特引诱浮士德离开书房，走到外面的世界去，体验自己感性的一面。他向浮士德介绍了他的劣势功能——感觉和情感，以及他迄今为止从未体验过的情欲生活的刺激和兴奋。生活的这一面是他作为教授和知识分子的人格面具所不允许的，在梅菲斯特的引导下，浮士德经历了荣格所说的对立面转化（enantiodromia），即人格转入完全相反的性格类型。他拥抱了阴影并确实在一段时间内认同了阴影的能量和性质。

对于一个已经认同人格面具及其价值观和性质的自我来说，阴影散发着腐臭和邪恶的气味。梅菲斯特身上纯粹故意的破坏性确实是邪恶的化身，但与阴影的相遇也在浮士德身上产生了转化效应。他找到了新的能量，不再感到无聊并开始了冒险，这最终将给他带来更完整的生命体验。整合阴影是一个最棘手的道德和心理问题。如果一个人完全回避阴影，就意味着他的生活是妥当的，却也是不完整的。但是，拥抱阴影体验，虽然会使一个人沾染上不道德的东西，却让他的生命获得了更大程度的完整。这真是与魔鬼的交易。它是浮士德的困境，也是人类生存的核心问题。在浮士德的例子中，他的灵魂最终得到了救赎，不过那是因为上帝的恩典。

人格面具

荣格在其正式著作中并没有对阴影进行细述，但他对人格面具做了有趣而详细的阐释，从中我们也可以得出与人格中的阴影以及阴影集合有关的信息。现在，我将更具体地看一看荣格如何论述人格面具及其形成，以及人格面具在心灵中的地位。

他对这个术语的定义见于1921年出版的重要著作《心理类型》。该书以名为“定义”的那个长篇章节作为结论，荣格试图尽可能清楚地说明，他是自精神分析中改编并从一般心理学中采纳了这个术语，并且说明这些术语是他为自己的分析心理学创造的。就心理学和精神分析而言，“人格面具”一词是荣格自己的理智独创。荣格在此反思了人格面具和阿尼玛这两个互补的结构。我将在下一章讨论阿尼玛。

今天，“人格面具”一词在某种程度上已经被心理学和当代文化所接受。它经常出现在通俗用语、报纸和文学理论中，用来指表现出来的人，而不是真实的人。人格面具是为了特定目的而采用的心理和社会建构。荣格之所以将它引入自己的心理学理论，是因为人格面具与在社会中扮演的角色有关。他感兴趣的是人们如何扮演特定角色，如何采取某种约定俗成的集体态度，如何表征社会和文化刻板印象，而不是设想和活出独一无二的自己。当然，这是一个众所周知的人类特质。这是一种模仿。荣格给它起了个名字并将其运用到他的心灵理论中。

在一开始给“人格面具”下定义时，荣格就指出，许多精神病学和心理学研究表明，人格不是简单的，而是复杂的，在一定条件下会出现人格的分裂和破碎，在正常人的心灵内部存在着许多子人格。不过，“这样的多元人格很明显永远不可能出现在一个正常的个体身上”。[2]换句话说，虽然我们并不都是临床意义上的 “多重人格”，但每个人确实都会表现出“性格分裂的痕迹”。[3]正常个体只是不像在病理学中发现的那样夸张。“只要在各种条件下相当密切地观察一个人，就会发现，从一个环境换到另一个环境，会让人格发生惊人的改变……‘在外是天使，回家是魔鬼’。”[4]这样的人在公共场合总是笑容满面、亲密热情、乐于助人、外向、随和、无忧无虑、爱开玩笑，而在家里，他却尖酸刻薄、脾气暴躁，不和孩子说话，闷闷不乐，躲在报纸后面，还可能会有语言或其他方式的暴力表现。性格是因时因势而形成的。杰科与海德的故事就代表了这种极端的形式。另一部主题相同的小说是《多里安・格雷的画像》（*The Picture of Dorian Gray*），主人公在阁楼上保存了一张自己的画像。随着年龄的增长，画像逐渐老去，暴露出他的本质与性格，但他仍然皱纹全无，年轻、老练、开朗地出现在公众场合。

荣格接着讨论了人类对社会环境的敏感这一迷人的话题。人们通常对他人的期望很敏感。荣格指出，特定的环境，如家庭、学校和工作场所，需要人们持有特定的态度。荣格所说的“态度”是指“对某一确定事物的先验取向，不管这个事物是否在意识中有所体现”。[5]态度可以是潜伏的、无意识的，但它在不断运作，从而使一个人适应某种情境或环境。此外，态度是“心理因素或内容的组合，它将……决定是在这个还是那个确定的方向上行动”。[6]因此，态度是性格的特征。一种态度持续的时间越长，被要求满足环境的次数越多，它就越习以为常。正如行为主义者所表达的那样，一种行为或态度被环境强化的频率越高，它就越牢固，越不容易改。人对某些环境的特定态度是可以训练的，从而可以以特定的方式，对信号或线索做出反应，因为他们已经被训练成这样了。一旦完全形成一种态度，激活某种行为只需要适当的暗示或触发。荣格是在1920年观察到这一点的，大约在这个时候，约翰·布罗德斯·华生（John Broadus Watson）领导的行为主义在北美确立，他的第一篇重要论文在1913年出版。

与生活和工作在环境相对统一的农村或自然环境中的人们相比，许多受过教育的城市居民往往生活在两个完全不同的环境中：家庭和公共世界。在荣格生活的那个时代的欧洲，这一点在男性身上体现得比女性更明显。在荣格的那个时代和文化背景下，男人们在一个环境工作，在另一个环境中生活，他们必须应对两种截然不同的环境，而每一种环境都有一套不同的体系。“这两种完全不同的环境需要两种截然不同的态度，取决于自我对当下态度的认同程度，从而产生了人格的复制。”[7]

我有一个朋友在政府机构做中层管理工作，他必须为所在小组的职员们定下公共部门的价值观和行为模式的基调。这个机构就是一个环境，他从其他渠道了解什么是正确的价值观，然后告知部属，比如，他们必须对歧视、性别差异和平权运动等问题很敏感。朋友告诉我，他在工作场所很容易扮演好这个角色，但当他在家这样的私密场所看电视时，反应就大不相同了，他成为一个超级保守主义者。在职场中，他是一个自由开明的现代人，但他的自我并不十分认同工作环境的立场。他有一个功能性的人格面具，不需要认同就可以轻易地戴上和摘下。我的朋友自己心里很清楚，他并不认同那个职场人格面具。

然而，自我经常认同人格面具。在心理学术语中，认同指的是自我吸收和统一外部客体、态度和人物的能力。

这或多或少是个无意识的过程。一个人只是发现自己无意间模仿了别人。也许你自己都没有注意到，别人却看到了模仿。原则上，我们可以说自我与人格面具是完全分离的，但在现实生活中往往不是这样，因为自我倾向于认同它在生活中扮演的角色。“一般来说，在家庭里的性格是出于情感需求和舒适方便而默许塑造的；因此，那些在公众生活中极为活跃、精神旺盛、固执、任性和无情的人，在家庭中往往显得和善、温和、顺从，甚至软弱。到底哪一个才是真正的性格、真正的人格呢？这个问题常常无法回答。”[8]

即便如此，自我并不局限于对人格面具的认同。人格面具最多只是在自我面对社会时形成的一层围绕自我的包装。但人们通常还是会意识到角色和真正的内在身份之间的区别。自我的核心是原型的，也是个人的。这是静止、微小的反思点，是“主我（I）”的中心。自我核心的原型面是纯粹的“我是（I am）”，即自性的表现，简单地说，“我就是我”（见第一章）。

然而，在个人层面，自我很容易受外力影响。随着自我认同新的内容，这种影响进入自我内部并将这个纯粹的“我性”（I-ness）推到一边。这就是自我的“学习”。我们记住了自己的名字，在那之后，我们就成了自己的名字，认同了这个名字的发音。当自我与人格面具认同时，就觉得与人格面具是一样的。我就是我的名；我是父母的儿子，姐妹的兄弟。一旦确定了这个身份，我就不再是简单的“我就是我”，相反，我是莫瑞·斯坦，出生于某年某月，有着特殊的个人史。这就是我现在的样子。我认同这些记忆，认同对我个人史的建构，认同我的某些属性。这个纯粹的“我性”——原型的片段——就以这种方式变得模糊了并从意识中完全消失或躲藏起来。之后一个人便真正依靠人格面具来获得全部身份和现实感，更不用说他的自我价值感和归属感了。

当然这也可能会有波动。有时候，一个人可能处于纯粹的“我是”状态，不认同任何特别的事物；有时候，一个人坚定地认同某种内容或品质，把大量心力投入人格面具意象上。T.S.艾略特说，猫有3个名字：一个是大家都知道的，一个只有少数人知道，还有一个只有猫知道！第一个和第二个指的是人格面具，第三个指的是自我的原型核心。

人格面具的两个来源

荣格发现了人格面具的两个来源："按照社会条件和要求，社会性格一方面以社会的期望和要求为导向，另一方面以个体的社会目的和愿望为导向。"[9]第一种，即环境的期望和要求，包括成为某种人，按照群体的社会道德规范表现得体、相信某些关于现实本质的命题（如赞同宗教教义）等要求。第二个来源则包括个体的各种社会抱负。

一个人必须要归属于某个社会，社会才能影响其态度和行为。自我必须有动力接受社会所要求的人格面具的特征和角色，否则就会被社会所排斥，根本不会产生认同感。个体和社会之间必须达成一致，才能使人格面具得到巩固。否则，个体就会在文化边缘过着与世隔绝的生活，永远是成人世界里一个躁动不安的少年。这与走自己的路，无视社会规范的英雄叛逆者不同，那是所有的社会和群体都提供的另一种人格面具。其中有许多角色可供扮演的。

一般来说，一个角色越有声望，人就越倾向于认同它。人们通常不会认同垃圾回收者或门卫这种底层社会的人格面具角色，甚至也不会认同像经理或主管这样的中层角色。如果他们确实这样做了，那通常是在搞笑。这些工作当然也有自身的价值和尊严，但并不意味着在社会上可以自豪地扮演这些角色，而且强烈认同它们的诱惑力很小。角色认同通常是由个人野心和社会抱负驱动。例如，一个人当选为美国参议院议员，就获得了一个具有很高集体价值和巨大威望的角色。随之而来的是名望、荣誉和高社会知名度，这个人往往会融入这一角色，甚至希望亲近的朋友也对他有明显的尊重。据报道，在约翰·F.肯尼迪当选美国总统后，连亲密的家庭成员都称他为“总统先生”。

在英格玛·伯格曼（Ingmar Bergman）的自传体电影《芬妮和亚历山大》（*Fanny and Alexander*）中，一个小男孩被送到一位可怕暴虐的主教那里生活，这个主教在情感上疏离、冷漠并深深地认同宗教赋予的人格面具。电影里有一个场景是主教正在做梦。在梦里，他挣扎着要扯下面具，但无论如何也扯不下来，最终他把自己的脸和面具一起撕下来了。主教的自我与其人格面具完全融合了，因为这个角色确保他实现了生活中的个人抱负。主教无疑是社会上地位较高的人。同样，医生、军人和皇室成员的人格面具也吸引着人们的强烈认同。可是这位主教在噩梦中却试图把脸上的面具取下来。这是为什么呢？

由于这两个功能性情结的目标相互矛盾，自我和人格面具之间的关系并不简单。自我以一种基本的方式走向分离和自性化、走向对某种地位的巩固，首先是在无意识之外，之后在某种程度上是在家庭环境之外。在自我中有一个朝向自主性，朝向可以独立运作的“我性”（I-ness）的强烈运动。与此同时，自我的另一部分，也就是人格面具扎根的地方，则朝向相反的方向，也就是朝着与客体世界相关和适应的方向运动。这是自我内部两个相反的倾向——一方面是对分离和独立的需要，另一方面是对关系和归属的需要。自我对分离/自性化的强烈欲望往往植根于阴影中，因为它对群体生活和个人福祉都具有威胁。客观地说，我们都需要他人来维持身心的生存。自我朝向关系和适应当前环境的运动，为确保生存和稳定人格面具提供了机会。于是这就成为个人在世界面前的自我呈现。

人格面具的发展

在自我中自性化/分离与社会适应之间的冲突，会导致自我产生大量的焦虑。一个人怎么可能既自由、独特、有个性，又被他人接受和喜爱并满足他人的需要和愿望呢？很明显，在自我和人格面具的发展之间存在着根本冲突。在成年早期，人们希望自我和人格面具都有充分的发展，这样自我独立和关系的双重需要都可以得到满足，同时人格面具也能足够适应，自我就能在现实世界中生活。像瓦格纳、贝多芬和毕加索这样的著名天才似乎是这一规则的例外，因为天赋允许他们可以最大限度地作为个体存在。他们的过激行为也因为对世界提供的补偿而得到了原谅。

自我并不会刻意选择认同某种特定的人格面具。人们发现自己处于必须求生存的环境中，大多数人都在尽最大努力前进。出生顺序是一个重要因素，性别也是。小女孩或小男孩观察其他孩子的行为并模仿他们。小女孩们在试穿妈妈衣服的时候也在试探妈妈的态度。小男孩有时也会试穿妈妈的衣服，他们的父母就会对此很担心，因为衣服代表了人格面具。小男孩更多地模仿父亲或兄弟，如果他们都戴帽子、吹牛、吐口水的话，小男孩也会这么做。性别当然是我们在早期对自己进行分类的一种方式，这些特征在人格面具中也有所体现。小孩子认识到，如果自己行为得体并以合乎性别的方式做出回应时，就会受到某种方式对待。这对有的孩子来说很自然，有的就不一定。人格面具有时合适，有时不合适。这最终形成了一种合乎（即使不能增强）性别吸引力标准的态度（有关性别和性别认同的更深层次问题将在下一章讨论）。

人格面具的发展有两个潜在的陷阱。一个是对人格面具的过度认同，个体过分取悦和适应社会，开始相信这个建构的意象就是人格的全部。另一个问题是没有给予外部客体世界足够的关注，并且过于排外性地沉浸于内部世界（荣格将这种情况描述为阿尼玛或阿尼姆斯附体）。这样的人关注冲动、愿望、欲望和幻想，他们如此沉迷并认同于这个世界，以至于对其他人没有给予足够的关注。因此，这样的人往往不会为他人着想，盲目，不与他人接触，只有在命运的残酷打击下，他/她们才会被迫放弃这些特点。

人格面具的发展是青少年时期和成年早期的一个典型问题，此时内心世界活动很多，一方面有诸多冲动、幻想、梦想、欲望、意识形态和理想主义，另一方面又有许多来自同伴的从众压力。与更大的社会环境的联系可能看起来是非常原始而且是集体共有的，不过会因一种部落心态，即对同伴群体及其价值观的认同而失衡。对同伴群体的这种认同有助于青少年摆脱父母的束缚，这是走向成熟的必要步骤。与此同时，青少年盲目而轻率，事实上，他们生活在不可战胜的幻想中，几乎对客观世界一无所知。成年人倾向于用“膨胀”“自大”等词语来描述因内在世界过度发展而对外部现实的不适应。另一方面，一些青少年过于关注成年人的价值观和期望。他们着正装，提公文包，在15岁的年纪谈论着要成为公司律师，他们太迁就家庭和文化的期望了，没有发展起太多的个人认同感。他们朝着文化的刻板印象发展，成为过早适应人格面具的受害者。

内倾和外倾型都会发展出人格面具，因为两种态度类型都必须与客体世界建立联系。不过，对于外倾的人来说，人格面具的发展过程比内倾者要简单。外倾者的力比多会进入客体并在此停留，无须太烦琐和复杂，外倾者就可与客体建立联系。可对于内倾者来说，注意力和心理能量流向客体之后，又回到了主体，导致与客体的关系比较复杂。对内倾的人而言，客体不仅存在于心灵之外，也深深地存在于心灵内部，要建立依恋就更加困难。因此，外倾者更容易找到一个合适的人格面具。他们对客体世界比较放心，因为这不会直接威胁到他们。内向者的人格面具则比较模糊、怯弱或不确定，在不同的情境下会有不同的表现。

然而，每个人的人格面具都必须与客体建立联系并保护主体，这是它的双重功能。虽然内倾者在少数人面前可以很外向，但在一大群人中，他们常常会拘谨退缩，消失不见，连人格面具也不足以应对这种场景，特别是在陌生人面前或个人角色还不确定的情况下。鸡尾酒会是一种折磨，但在舞台上表演可能是一种纯粹的快乐和享受。许多著名演员都是相当内倾的人。在私下里，他们可能很害羞，不过一旦拥有一个感觉受保护和安全的公共角色，他们就可以表现得像最外倾的人那样。

如果在强大的心理发展背景下创造性地使用人格面具，它可以表达和隐藏人格的各个方面。一个恰当的人格面具不仅要有足够的广度来表达人格中与社会相适应的方面，而且要真实可信。个体可以在没有太大损害的情况下，认同一个人格面具，使之达到真实表达人格的程度。当然这可能会随着年龄的增长而改变，个体进入新的人生阶段时，往往会出现新的人格面具。例如，社交外倾型的人在进入50岁、60岁以后，可能会变得更内倾。到人生后期人们又会认识到这两者的差异：一方面觉得人格面具是真实、诚实和真挚的，另一方面则完全无意识地认同它。

本质上，人格面具是自我与世界之间的心灵皮肤，它不仅是与客体互动的产物，而且也包含了个体对这些客体的投射。我们适应了所感知到的旁人是什么样，以及他们的所欲所求。这可能与其他人的看法或当事人对自己的看法大相径庭。包裹在人格面具中的材料是各种源于情结的投射，比如父母情结中的投射，通过心力内投过程回到主体，进入人格面具。这就是为什么童年早期对成人的人格面具会有如此深刻影响的原因。哪怕早已长大离开父母，人格面具还会继续受此影响，因为他们是通过父母情结投射到这个世界的，个人的人格面具会不断进行调整适应。我们还是那个乖宝宝，尽管早已不必如此。将人格面具从一个情境转移到另一个情境会产生问题，因为在不断努力适应的过程中，原来的情境会被投射到新的、完全不同的情境中。这是弗洛伊德对“移情”的观察。童年时代的旧语境被迁移到医患关系的新语境中。在个人觉察到环境的不同之前，他仍会坚持旧的习惯行为，把新环境当作旧日熟悉的环境来应对。

人格面具的转化

自我的原型核心不会随着时间的推移而改变，但人格面具却能，而且在一生中会经历多次修正，这取决于自我对环境改变的认知以及与环境互动的能力。从童年进入青少年，从青少年走向成年，再到中年、老年的过程中，都会经历重大的转变。出色的自我会通过适当改变自我概念和人格面具的呈现方式来迎接这些适应性挑战。人们根据自己的年龄、婚姻状况、经济和社会阶层以及同伴群体的喜好，对自己有不同的看法，从而改变穿着和发型，购买不同的汽车和房屋。这些都会体现在人格面具的变化上。

当然，在一生中个人所扮演的各种角色具有集体的基础，以及在某种程度上具有原型的基础。像每个功能性情结一样，人格面具也有一个原型核心。在所有人类群体中，都有可预测的典型角色。有的长子一直就是小大人，也有调皮捣蛋的小鬼，到了中老年还在恶作剧，还有魅惑的蛇蝎美人，年纪轻轻就开始调情、引诱别人。家庭以典型的方式为子女及其成年成员分配角色。孩子的出生顺序往往对他们选取的人格面具起着很大作用。第一个孩子常常是负责任的小大人，中间的孩子是一个调解人，最小的孩子是有创造力的宝宝。败家子无时无处不在，替罪羊也是如此。人们在家庭和群体内部就被无意识的动态机制分配了这样的角色，当他们在儿时接受这些角色时，往往终其一生都会带着这些角色的某种版本。

是什么原因使得人格面具跟人牢固地黏在一起？部分是由于认

同和纯粹的熟悉感。人格面具与一个人的人格一致时，就会提供一种社会心理身份。羞耻感也是一种基本动力。人格面具使人免于羞耻，避免羞耻可能是发展和保持人格面具的最强烈动机。鲁思·本尼迪克特（Ruth Benedict）关于耻感和罪感文化的著作表明，西方国家是典型的罪感文化，相反，东方国家则是耻感文化。耻感文化比罪感文化更强调人格面具，从这个意义上讲，如果一个人丢了面子，那还不如死了。丢面子是终极危机。在罪感文化中，情况则完全不同，罪恶可以得到缓解或补救：有罪的人可以付出代价后回归社会。

罪恶包含着某种离散行为，而羞耻会抹去一个人的全部自我价值感。羞耻感是一种更原始、更具有潜在破坏性的情绪。我们倾向于对自己所做的与人格面具不一致的事情感到罪恶或深深羞愧。这是人格中阴影的体现。阴影会诱发羞耻、无价值感、不洁感，以及被玷污和不受欢迎的感觉。骄傲意味着有教养，玷污自己是可耻的。经历过如厕训练的自我已经战胜了本性。这种羞耻体验包括任何与我们所受的训练不一致的内容，而我们接受的培训就是要做一个好人，做一个正确的人，要融入，要被接纳。在我们这样的清教文化中，不符合“好人”这种人格面具的特定类型的性幻想和行为就很容易导致羞耻感。另一个阴影的特征是攻击性。好斗、仇恨或嫉妒都是令人羞耻的情绪。

这些正常的人类反应往往会被隐藏起来，我们为此感到尴尬，就像我们为自己身上的某些生理或性格缺陷感到羞愧一样。人格面具是我们面对他人时，为了和他们一样，为了被他们喜欢而呈现的面孔。我们不希望自己太过与众不同，因为我们的差异点，也就是人格面具的终点和阴影的起点，让我们感到羞愧。

人格面具与阴影的整合

阴影和人格面具是一组典型的对立面，是自我在心灵中的两极。既然心理发展的总任务（第八章将要讨论的“自性化”）是整合，而整体性是首要的、高于一切的价值，那我们在这里至少要先问一下：整合人格面具和阴影意味着什么？在本章的主题背景下，整合取决于自我接纳，即完全接纳自身那些不属于人格面具意象的部分。人格面具本身常常是一种理想的意象，或至少是一种文化规范的意象。一个人感到羞耻的地方常常被认为是极其邪恶的。虽然有些确实是邪恶的、具有破坏性的，但阴影的内容往往不是邪恶的。之所以如此，只是因为它与人格面具不一致导致的羞耻感。

如果一个人在某种程度上整合了人格面具和阴影，会是什么样呢？荣格引用了一位前病人的来信，这封信是在荣格给她做分析后不久写的：

> 我心中的许多善来自恶。保持安静、专注，不压抑，以及接受现实——即接受事物本来的面目，而不是我希望它们成为的样子——通过做这一切，我获得了不寻常的知识，也获得了不寻常的力量，这是我以前从未想象过的。我一直认为，在我们接受事物时，它们会以某种方式压倒我们。事实证明并非

如此，只有首先接受，才能对它们采取某种态度。所以现在我打算玩玩人生这场游戏，接受一切际遇，好与坏、光与影永远交替存在，也以这种方式接受自己的本性及其积极和消极的一面。对我来说，一切都变得更鲜活了。我曾多么愚蠢啊，那么努力地想让一切都按我认为应该的方式去发展！[10]

这个女人既从人格面具，也从人格面具和阴影的对立中抽身而出，她现在只是在观察、反思和接受自己的心灵，然后进行整理，看清它的本质，再做出一些选择。她已经在自我情结和人格面具之间，以及自我和阴影之间建立了心理距离，不再受控于这个谱系的任何一端。

荣格认为，心灵中的二元对立是通过“第三者”的介入而实现统一的。对立面之间的冲突——例如，人格面具和阴影之间的冲突——可以看成是自性化的危机，以及通过整合而成长的机会。冲突的双方分别是人格面具一方的集体价值观，和来自个体本能的（弗洛伊德的“本我”）以及一些衍生自原型和无意识情结的自我的阴影。由于人格面具不接受阴影内容，冲突可能会很激烈。荣格认为，当两极处于紧张状态时，自我如果可以放下两者，创造一个内在真空，使无意识可以以新的象征形式提供创造性的解决方案，那么最终的解决方案就会浮现。这个象征将为未来的动向提供一种选择，它将把两者都包含在内——不仅仅是一种妥协，更是一种融合，它唤起了自我的新态度和与世界的一种新关系。当人们走出以前的冲突，承担新的角色，整合以前不能接受的一部分自我时，这个过程就可以在人们的治疗和人生经验的展开中观察到。

人确实会在治疗和成长的过程中发生改变。人格面具作为一种适应性工具，具有巨大的改变潜力。只要自我愿意修改旧有模式，它就会变得越来越灵活。像《化身博士》这样的故事描述了人格面具与阴影之间的完全分裂。在这样的故事中，没有整合，只有在对立双方之间的来回波动。阴影角色和冲动被付诸行动，没有出现一个超越功能来整合这些对立。人们可能会好奇，在现实生活中，那些不能整合对立的人是什么样的。在某些情况下，黑暗的一面非常极端且能量充沛，把它与任何一种社会接受的人格面具整合都是不可能的。今天，解决这个问题的唯一办法是精神药物，它可以强烈抑制无意识，从而阻断阴影的能量来源。在其他情况下，由于自我太不稳定、太弱小，以至于不能充分地调和冲动，使超越功能得以形成。

第六章　通往内心深处之路
（阿尼玛和阿尼姆斯）

荣格在自传中讲述了一个发现阿尼玛的故事。[1]他写道，1913年与弗洛伊德决裂后，在进行紧张的内在探索工作的那几年里，有一段时间，他开始质疑自己所做事情的本质和价值。他问自己，这是科学还是艺术？他记录并解释了自己的梦，有时也画下来，而且还尝试理解这些自发出现的幻想的意义。在某个时刻，他听到一个女性的“声音”说，“这是艺术”。在惊讶之下，荣格竟与她攀谈起来，并渐渐地觉得她像自己的一个病人。由此可见，这是一个内化的人物，但她也代表了荣格自己的一些无意识思想和价值观。在自我和人格面具中，荣格自认是一个科学家而不是艺术家。这个声音却表达了另一种观点。在保留意识自我立场的同时，他开始与这个人物对话并对她进行研究。她不仅仅是荣格对其病人意象的内化，还有更多的内涵。通过对话，她逐渐成形，并呈现出一个更完整的人格。“我对她有点敬畏，就像是觉得房间里有一种无形的存在似的。”[2]荣格描述道。

在荣格看来，这是对阿尼玛的一种重要内在体验，而且已成为分析心理学集体记忆中阿尼玛呈现的一个关键的参考点。自荣格以来，许多进行积极想象的人都发现了类似的内在人物。按照传统解释，阿尼玛是男性心中的女性形象；与此相对，阿尼姆斯是女性心中的男性形象。阿尼玛和阿尼姆斯是主观人格，代表着比阴影更深层的无意识。无论好坏，它们都揭示了灵魂的特征，并引领人们走进集体无意识领域。

在本章中，我将把这个内部结构称为阿尼玛/阿尼姆斯。它就像阴影一样，是心灵内部的一种人格，与人格面具呈现出来的自我表现和自我认同不相匹配。不过，它与阴影的不同之处在于，它归属于自我的方式是不一样的：它比阴影更“他者”。如果人格面具和阴影之间的区别是“好与坏”——自我的加与减、积极面与消极面——的话，那么自我和阿尼玛/阿尼姆斯之间的区别则是以男女两极为标志。这不是该隐和亚伯之间的区别，而是所罗门王和示巴女王之间的区别。

界定阿尼玛和阿尼姆斯

在荣格理论的诸多主题中，本章的主题在许多方面是最具争议的，因为它提出了深刻的性别问题，并暗示了男女心理的本质差异。在荣格的时代，这个话题看起来波澜不惊，但在今天，这就像捅了马蜂窝。在部分当代人看来，荣格是一个领先于时代的人，他预见并确实倡导了一种女性主义的雏形。在另一些人看来，他似乎是陈腐的传统男女差异观的代言人。事实上，我认为他两者兼而有之。

荣格在晚期作品中把阿尼玛和阿尼姆斯称为心灵的原型人物。因此，它们基本上不受家庭、社会、文化和传统等塑造个体意识的那些力量的影响。原型不是从文化中衍生出来的，相反，文化形式（在荣格的理论中）出自原型。因此，将阿尼玛/阿尼姆斯界定为原型，意味着将其最深层的本质完全置于心灵之外，属于非个人的灵性形式和力量范畴。阿尼玛和阿尼姆斯是基本的生命形式，它们与其他影响因素一起，塑造了人类个体和社会。正如我们在第四章中所看到的那样，原型是康德所谓的物自体（Ding an sich），因此它超出了人类的知觉范围，我们只能通过注意它的表现形式来间接感知。

严格说来，阿尼玛/阿尼姆斯是对某种虽然存在，却无法直接观察到的“事物”的科学假设，就像一颗未知的恒星，只能通过测量它附近的引力来了解其位置和大小。然而，由于荣格所描述的阿尼玛和阿尼姆斯，确实经常像传统男性和女性体现出来的众所周知的文化意象一样，因此有人提出了这样的问题：荣格，作为一个自身文化盲点的受害者，是否又在无意中成为文化刻板印象的倡导者？换句话说，“原型”实际上是社会建构的吗？或者，荣格是否在研究更深层的结构，这些结构也许植根于这些文化模式，但又超越了它们，而且确实是人类心理特质和行为的普遍形式吗？我不会在本章中明确回答这个问题，但我希望进一步说明，这个问题比较复杂，荣格的思考比他的很多批评者认为的复杂得多。同时，我会尽可能清楚地阐明他的思想。

我们将小心翼翼进入这个领域，尝试一步步把握荣格这些难以捉摸的术语的含义。如果说迄今为止，我们研究的心灵地图上的位置似乎都比较清晰和明确的话，那么阿尼玛和阿尼姆斯有时就像一片深邃而又错综复杂的荒野。也许这是应该的，因为我们在此进入了无意识的更深层次——集体无意识，这是原型意象的领域，此处疆界模糊。

在讨论与这两个术语有关的性别问题之前，有必要指出，可以对阿尼玛和阿尼姆斯做一个完全不涉及性别的说明。性别可以被看作是阿尼玛/阿尼姆斯的次要特征，就像一个物体的本质不是由蓝色或粉红色决定的一样。可以用一种抽象的、结构性的方式来理解阿尼玛/阿尼姆斯。因为把心灵的这种特征说成是抽象结构是可以的，基于此，在本章中，我将使用“阿尼玛/阿尼姆斯”（Anima/us）这一符号。这表示男女共有的一种心灵结构。当我意指这个内在客体的性别特征时，将使用-a和-us这两个不同的单词结尾。抽象地讲，阿尼玛/阿尼姆斯是一种心灵结构：（1）它是对人格面具的补充；（2）它将自我与心理的最深层即自性意象和体验联系起来。

正如上一章所讨论的，人格面具是自我面对世界而采取的习惯性态度。它是一种公众人格，有利于适应物质世界和（主要是）社会现实的要求。沿用荣格1921年在《心理类型》一书中的定义，它是一个“功能性情结”，就像身体的皮肤那样，在自我和外界之间提供了一个保护性屏障。阿尼玛/阿尼姆斯同样是功能性情结，但它关注的是对内心世界的适应。“阿尼玛（阿尼姆斯）的自然功能保存在个体意识与集体无意识之间的某个地方；就像人格面具是在自我意识和外部世界客体之间的一个夹层一样。阿尼姆斯和阿尼玛就像一道通往集体无意识意象的桥或门，正如人格面具是进入世界的某种桥梁一样。”[3]换句话说，阿尼玛/阿尼姆斯让自我进入并体验到了心灵的深处。

1921年，荣格已经摆脱了对弗洛伊德的依赖，准备推出他自己对深度心理学的看法，他出版了《心理类型》，这本书总结了荣格到当时为止的新理论，同时还使用了许多新的术语，来界定关于心灵的本质和结构的修正主义观点。如此，他觉得（正如我在第五章中所指出的）有必要在这部著作的结尾用一整章来阐明定义。这些定义很详尽，可以作为分析心理学的入门教科书来读。这一章在“灵魂”和“灵魂意象”条目中，对阿尼玛和阿尼姆斯概念做了全面的描述。这些定义虽然有些机械和简单化，但确实有助于术语的界定和明晰，至少在他当时使用这些术语的时候是这个含义。

在提出阿尼玛/阿尼姆斯的定义时，荣格将其与人格面具进行了对比，“人格面具只关心与客体的关系”，[4]而阿尼玛/阿尼姆斯则关注自我与主体的关系。“我所说的‘主体’，首先指的是那些模糊不清的扰动、情感、思想和感觉，它们不是来自任何对客体的显而易见的连续意识体验，而是来自黑暗的内心深处的一种干扰、抑制或有时有益的影响。”[5]这里的“主体”主要是指无意识世界，而不是自我。这是心灵的主观一面，也是它的基础和内在空间。可以说，它包含了“内在客体”，荣格有时称之为“无意识意象”，或简单地称作“意象”或“内容”。因为至少在这个特定的语境中，“主体”一词指的是无意识，因此可以很合乎逻辑地得出结论，“正如与外在客体、外在态度（即人格面具）有联系一样，与内在客体、内在态度也可以有联系”。[6]

荣格承认，“内在态度由于极其私密和难以接近，远比外在态度更难辨别，而外在态度是每个人都能立即察觉到的，这一点很容易理解”。[7]人们很容易就能观察到一个人对待别人的态度，但要想看到人们如何对待自己，则需要更加敏锐。一个人对内心世界的态度是什么？是接纳、亲密（就像人格面具那样），还是苛刻、吹毛求疵？许多慷慨大方的人其实是自己内在最大的敌人——他们是自己最刻薄的法官和最严厉的批评者——不过这隐藏在他们迷人而热情的人格面具之下。又或者，一个人可能对别人极尽评判之能事，对自己的内在生活却表现出情感上的放纵。一个人须了解他人，才能学会如何真正善待内在的自己。他们严肃地对待自己吗？他们像对待孩子一样对待自己吗？他们的阿尼玛或阿尼姆斯的态度，就是他们对自己内心更深处自我的真实感受。

荣格在这段话中进一步说，“一个人不允许自己的内在过程受到丝毫干扰……另一个人又完全受这些过程摆布……隐隐约约不舒服的感觉让他认为自己患有某种隐秘的疾病，某个梦使他充满了悲观的预感……一个人认为这是生理上的，另一个人觉得都怪邻居，还有一个人从中发现了宗教启示”。[8]“因此，荣格的结论是，内在态度……和外在态度一样，与功能性情结明确相关。看起来，那些完全忽视自己内在心灵过程的人缺乏内在态度的情况，与那些不断忽视外在客体和事实的人缺乏典型的外在态度差不多”。[9]

以上总结了荣格在1921年《心理类型》一书中呈现的对阿尼玛/阿尼姆斯的结构定义。阿尼玛/阿尼姆斯是一种态度，它支配着一个人与想象、主观印象、观念、心境和情绪等无意识内心世界的关系。到目前为止，这个定义还没有说明该结构的内容或性别。通常比较简略的定义是，阿尼玛是男性内在的女性，阿尼姆斯是女性内在的男性。但是，人们也可以简单地说它们是服务于与自我相关的一个特定目的的功能结构。作为心灵的结构，阿尼玛/阿尼姆斯是男人和女人进入并调整其心理本质更深层部分的工具。如同人格面具面向社会世界并协助进行必要的外部适应一样，阿尼玛/阿尼姆斯面向心灵的内部世界，帮助人们适应与自我对抗的直觉思想、情感、意象和情绪的要求。

例如，一个经常喜怒无常的男人会被认为有“阿尼玛问题”。一个人可能会对朋友说，“今天陷入了阿尼玛状态”。他的阿尼玛没能帮助他管理情绪，反而释放出一种像气体一样渗入自我意识的情绪，并在悬浮状态中携带着许多原始、未分化的情感。至少可以说，这已经干扰了自我的运作。这个男人的自我认同了阿尼玛人格，而阿尼玛通常是高度敏感和情绪化的。他的阿尼玛没有得到良好发展，不仅没能协助处理压倒性的情绪，反而把他卷入更深的情绪中。一个频繁喜怒无常的人与他人格中的这一部分——通常是人格的劣势部分——关系太密切了。当然，如果他是像里尔克这样具有最高层次阿尼玛问题的诗人，便可以创造性地运用这种关系。但通常情况下，他可能只是异常情绪化，对琐碎的烦恼和伤害反应过度，导致心理机能失调。他的人际关系满是冲突，因为情绪反应强烈到自己无法控制。阿尼玛淹没了他，而没能帮助他。

同样，无意识也困扰着有“阿尼姆斯问题”的女人，典型的状况是被情绪化的思想和观点控制。这与有阿尼玛问题的男人没太大区别，只是女性的特点可能是看起来更有智慧。由于带有霸凌的情绪能量，这些自主的想法和意见最终会扰乱她适应周遭世界的节奏。它们经常破坏她的人际关系，她身边的人必须在周围竖起自我保护的盾牌，在她面前会感到防备和不舒服。虽然她可能想包容和亲密，但做不到，因为自我受到这些破坏性能量的入侵，以致不能成为一个自己所期待的更善良、温柔的人。相反，她被无意识的权力和控制牢牢攫住，变得无比粗暴。这就是荣格所说的阿尼姆斯附身。阿尼姆斯是与自我或期望的人格面具不一致的强大人格，是“他者”。

受阿尼玛控制的男人往往会退缩到受伤的感情中去；受阿尼姆斯控制的女人往往会发起攻击。这是两性之间的传统区别，当然，根据最近的文化发展趋势，这种区别有所调整。但在这两种情况下，无论“附身”的内容是什么，无意识内心世界都没有得到充分抑制，情绪化和非理性的需求扰乱并扭曲了与他人和生活的正常关系。阿尼玛/阿尼姆斯附身将无意识大门敞开，让几乎所有具备足够能量的东西肆意进出。情绪和奇思妙想席卷而来，将人裹挟。对冲动的控制极少，也没有思想或情感的控制。这也是一个与自我有关的问题，当然是未发展的自我，它不能把握那些经常飘浮到意识中，但需要在付诸语言或身体行动之前进行反思和消化的内容。同时，阿尼玛/阿尼姆斯的结构也存在发展不足的问题。这种发育不良就像不发达的肌肉，需要它的时候，它还太软弱，不足以履行职责。这时，男人通常会寻找一个女人来帮助自己管理情绪，而女人通常会寻找一个能接受自己的灵感想法并与她们一起做事的男人。他人便由此进入了自我与阿尼玛/阿尼姆斯关系的游戏。

为便于讨论，我首先描述一下理想的心理发展情况（尽管这可能是高度理论化和不可能的）。心灵系统的意识和无意识部分平衡和谐地一起运作，这部分地发生在“阿尼玛/阿尼姆斯”和“人格面具”之间。自我在此并没有被外部或内部的内容淹没，而是被这些结构所支持和保护。生命能量——即力比多——以循序渐进的方式流动，以适应生命的任务和需求。这是一幅健康、高功能的人格图景，既能获得内在资源，又擅长外部调整。它对外在世界的态度是平衡的，且与对内在世界的态度相辅相成，两者都没有脱节或发展不足。人格面具能够适应生活需要，能够处理好与周围社会和自然世界的稳定关系。内部有良好的管理和稳定的获得能量和创造性灵感的泉源。外在和内在的适应性都足以满足生活的需要。

可生活为什么不是这样呢？事实上，很多人在生活中时不时曾有过这样的经历，如工作和爱情的黄金时期，不过这些只是冲突不断的生活中的短暂插曲。其中一个主要原因是我们的发展不平衡。在我们的当代文化中，很少有人关注真正的内在发展——即关注荣格所谓的“个体文化”，而不是集体（以人格面具为基础的）文化。在内心深处，我们大多数人都是极其原始的。只有在卸下人格面具，阿尼玛/阿尼姆斯打开通往无意识更深处大门的时候——例如在中年时期，自我被人格面具和阿尼玛/阿尼姆斯之间的冲突撕扯的时候——内在发展的需要才成为需要加以认真对待的严重问题。虽然这看起来像是某种神经症的爆发，但它很可能是对进一步自性化的呼吁，以及在个体发展道路上走进内心深处的挑战。

性别与阿尼玛和阿尼姆斯

现在让我们转向直接隐含性别意义的阿尼玛和阿尼姆斯。首先要注意的是，这两个术语来自拉丁语。与当时大多数受过良好教育的欧洲人一样，荣格精通古典语言，他觉得采用这些来源给心理人物和结构命名是非常自然和方便的。Anima在拉丁语中的意思是

“灵魂”，Animus的意思是“精神”（在德语中，这两个词为Seele和Geist）。从某个角度来看，这两个拉丁语的意思实际上并没有太大区别。如果像希腊人和罗马人所设想的那样，一个人认为死亡时灵魂（阿尼玛）离开身体，其实就等同于精神（阿尼姆斯）也离开了。精神通常被描述为呼吸或空气，抓住一个人离开身体的最后一口气就是抓住这个人的灵魂。因此，精神和灵魂这两个词几乎是可以互换的。此外，这两个词都指人的内心世界，意为与灵魂和精神有关的。关于一个人的阿尼玛和阿尼姆斯，要问的问题是：我有什么样的灵魂？什么样的精神？

当然，荣格在使用阿尼玛这个词时，并不是在说灵魂的宗教含义。他的意思并不像传统宗教学家使用这个词那样，指人的不朽部分。他把握的是这个术语的心理学意义，意思是男性人格中隐藏的内在一面。同样，用阿尼姆斯这个词，他并不是指某种形而上的、超验的东西——例如圣灵——而是指女性人格中隐藏的内在一面。

这两个词的结尾隐含着性别差异。阿尼玛（Anima）的结尾是阴性的，阿尼姆斯（Animus）的结尾是阳性的（Seele和Geist在德语中同样分别是阴性和阳性的）。因此，通过指定这两个术语，一个为男性，另一个为女性，荣格建立了他的理论，以显示性别之间的根本（也就是原型的）差异。虽然他经常说所有的人类都有相同的原型，但在这个例子中，他说的是男人有一个原型，女人有另一个原型。如果荣格不想这样做，他可以很容易地用同一个术语来形容这两个词，或者也可以发明一个中性词，比如“阿尼姆（Anime）”。然而，他没有，这一点很重要。在这个基本的内在方式上，男人和女人有什么不同？又为何有此不同呢？

荣格认为，两种性别都同时具有阴阳两种成分和性质。在某些段落中，他把这一点与每个人都有阳性和阴性遗传物质的事实联系起来，差别只是程度问题。在这一点上，他也许是一个原始女性主义者。荣格似乎避免把人类分为两个截然不同的、几乎没有共同点的性别群体。在他的理论中，男人和女人都具有阳性和阴性。不过，这些性质的分布是不同的。这种差异是基于原型层面，而不是社会或文化层面。换句话说，这种差异不能通过改变社会政策来消除的。在这一点上，他至少与那些坚持男女之间几乎没有或根本没有本质心理差异的当代女权主义者相冲突。荣格说，男人是内柔外刚，而女人则相反。女性在自我和人格面具上是关系导向的、包容的，她们在人格的另一面是强硬的、尖锐的；男性在外表上是强硬的、有攻击性的，内心却是柔软的、关系导向的。摘下成年男女的人格面具，对性别的认知就会发生逆转。女性会比男性更强硬、更有控制力，男性会比女性更顾家，更注重关系。

不谈每一位个体，至少从统计学上来看的话，荣格的定义是符合规律的。如果说政治是以人格面具层面的感知为指导，就如人们向民调机构透露的那样，精明的公职人员在竞选活动中就会以这样的观点为导向：要想赢得女性的选票，他们就必须表现出同情心、情感以及对团结和宽容的渴望；要争取男性的选票，就必须表现出逻辑性、竞争力、强硬和道德判断力。[10]另一方面，根据荣格的观点，男性和女性的内心世界——也就是他们隐藏的人格，他们无意识的他者自我——与此完全相反。换句话说，人类比公众形象和民意调查的描述复杂得多。女性在审视内心时，会发现（并向那些与她们亲密接触的人透露）自己的逻辑性、竞争性、强硬和道德判断力都很丰富。同样，男人也表现出同情心、情感，以及对团结和宽容的渴望。在某种程度上，荣格正是想用他的阿尼玛和阿尼姆斯理论来梳理人类的这种复杂性。

荣格在1921年对阿尼玛和阿尼姆斯的定义，包括了从自己的观察和经验中提出的一些概括性的观点，从中我们可以一窥他后来在许多其他著作中所关注和强调的内容。“至于阿尼玛的特性，我的经验证实：它大体上是对人格面具特征的补充。阿尼玛通常包含意识态度缺乏的所有人类共同的性质。”[11]荣格这时还没有把阴影的概念落实到位，阴影和阿尼玛/阿尼姆斯之间的区别在后面会梳理出来。阴影将涵盖许多与人格面具相辅相成的内容，但因为与人格面具不相容而被排除在意识认同之外。在这个段落中，荣格思考的是后来的阴影概念要描述的反人格面具类型，而不是对内外客体的互补态度。“阿尼玛包含了意识态度所缺乏的所有人类的普遍性质。被噩梦、不祥预感和内心恐惧折磨的暴君是典型的代表人物……他的阿尼玛包含了人格面具所缺乏的所有这些易变的特征。如果说人格面具是理性的，阿尼玛肯定就是感性的。”[12]虽然这些特征后来要归属于阴影，但正是这个思路带来了性别议题，“我对此深信不疑，阿尼玛的这种互补性也会影响到性别角色，一个很阴柔的女人常有一个阳刚的灵魂，一个很阳刚的男人有一个阴柔的灵魂。”[13]这是因为阿尼玛/阿尼姆斯结构与人格面具互补，性别特征才被包含在其意象中。如果一个男性的人格面具包含了与某一特定文化中的男性气质相关的性质和特征，那么不符合该形象的人格特征就会被压抑，并聚集在阿尼玛这个互补的无意识结构中。阿尼玛包含了这种文化中典型的女性特征，所以人格面具非常男性化的男人，阿尼玛也是同等的女性化。

但是，人格面具不是很女性化的女人和不是很男性化的男人又如何呢？是否前者的阿尼姆斯非男性化，而后者的阿尼玛非女性化呢？鉴于他的前提，荣格不得不遵循这一思路。有些人可能在男性特征和女性特征之间并没有太大的内在两极分化。近几十年来，更加中性化的风格已经明显摆脱了男性强壮阳刚和女性被动顺从这种经典的性别两极分化。女性的穿衣打扮和行为举止都比前几代更男性化，许多男性的人格面具也同样比他们的祖先更女性化。这对阿尼玛和阿尼姆斯的特征有何影响？阿尼玛和阿尼姆斯的内在意象会随着主流的男性和女性的服饰与行为的集体意象的改变而发生变化。根据这一规则，任何排除在个体对主流文化有意识地适应之外的东西都会归入无意识，并围绕着荣格命名为阿尼玛/阿尼姆斯的结构聚集。对于一个非常娘娘腔的男人来说，内在态度（阿尼玛）在性质上是男性化的，因为这是在人格面具调适中被忽略的部分。

那么，在界定内在态度、阿尼玛和阿尼姆斯的本质和属性时，这些性别属性究竟意味着什么呢？提到男性化，普遍想到的形容词是主动、强硬、尖锐、有逻辑、自信、支配主导；女性化则广泛定义为包容、柔软、给予、滋养、重关系、情绪化、有同理心。这些属性类别无论是在男性还是女性的身体内，似乎都保持稳定。争论的焦点是这些类别是否应该与性别联系在一起。有些女人在其人格面具中更男性化，有些男人则在人格面具中更显女性化。但这并没有改变他们生理上的女性或男性性别。有人提出，用汉语的“阴”和“阳”形容这两个属性更合适、更中性，可以替换“男性化”和“女性化”这两种表述。无论哪种方式，我们说的都是同样的性质。由此出发，荣格会说，内在态度揭示了在人格面具中被忽略了的性质：如果一个人在人格面具中是阳性的，那么他或她在阿尼玛/阿尼姆斯结构中则为阴性。但因为内在态度在无意识中较少受到自我的控制，相比人格面具也不那么精致细分，所以，一个人格面具以阴为主的个体呈现的内在态度是弱阳，而在一个以阳为主的意识中，在不受控制的时刻生发出来的是弱阴。

因此，一个非常女性化的女人有一个不那么精致的男性化灵魂。在与世界的关系中，她持有一种独特而显著的女性化态度，我们描述为接纳、温暖、滋养和包容。在这个人的内心有一种非常不同的内在态度：强硬、挑剔、好斗、霸道。而那个看起来非常女性化的女人的内在面孔，往往显示出一种钢铁般的人格。同样，外表看起来很有男子气概的男人，干劲十足，意志坚强，冷漠而富有攻击性，内心却多愁善感，敏感、脆弱又容易受伤。大男子主义的男人爱他的母亲、女儿，也爱他的马，但绝不会承认（甚至对自己也是如此），在公开场合，他会回避这些感情，尽管在私下里，他可能会偶尔让步，借酒浇愁。“这种反差基于这样一个事实：男人并非在所有事情上都完全男性化，也会有某些女性特质，他的外在态度越阳刚，女性特质就越容易被抹掉，继而出现在无意识中。这就解释了为什么正是那些极具男子气概的男人最容易受到性格弱点的影响，因为他们的潜意识态度有女性的弱点和敏感。相反，往往也正是那些最女性化的女人，内在却表现出一种只有在男人的外在态度中才能看到的倔强、固执和任性。这些男性特质，被排除在女人的外在态度之外，已经成为其灵魂的属性了。”[14]很明显，荣格在这里说的并不是内在男女特性的最高和最完备形式，而是建立在个体人格尚未发展起来的那些部分之上的男性气质和女性气质的低级版本。

阿尼玛/阿尼姆斯的发展

不过，前文所述的阿尼玛和阿尼姆斯正是因为发展不充分且处于低级状态，才具备了在心灵中进一步发展的潜力。由于人格面具是基于一定的集体价值观和特征——是任意特定文化时期男女的行为方式和态度，因此作为个体，要想变得独特，其潜能并非位于人格面具中，而是在心灵的其他地方。只要一个人的自我意识认同人格面具，并感觉与之融为一体，就不可能出现背离集体意象的人格属性和个体性表达。为了适应，为了“合群”，成为一个个体的冲动受到抑制（或被完全压抑下去）。在某种特定情况下，不能通过考察人格面具来确定个体的性质。它们或许被包含在所呈现的人格面具中，也可能完全被排除在外。“这是我的经验一再证明的基本规律……不能（从人格面具中）推断出任何与个体性质有关的内容……能够确定的是，当一个男人与其人格面具一致时，他的个体性质将与阿尼玛有关。”[15]

这是一个穿着灰色法兰绒西装的男人，每天早上坐火车上班，他对自己的集体角色如此认同，以至于没有任何超出这个角色框架以外的人格个性。其内在独特性将在阿尼玛中显现出来：他会（也许是秘密地）被极不寻常的女性吸引，因为她们承载着他的阿尼玛投射，勾勒出了他的灵魂，也捕捉到了他的冒险精神。同样的规则也适用于女性：如果她们呈现的是集体和传统的人格面具时，内心往往隐藏着一个秘密情人（往往是无意识的），这个人绝不是传统的伴侣形象。一旦现身，将令她们如醉如痴，放弃一切。在生活中，我们可以观察到这一基本的心灵规则，无数小说、歌剧和电影都对此有所描绘。与自己的阿尼玛或阿尼姆斯投射对象实际相遇的结果是，“经常在梦中产生心灵怀孕的象征，这个象征可以追溯到英雄诞生的原初意象。即将出生的孩子象征着一直存在但尚未被意识到的个性化”。[16]传统型男人与他的非传统型阿尼玛女人相恋的真实心灵目的是孕育一个象征性的孩子，这个孩子代表了其人格中对立面的结合，因而是自性的象征。

荣格认为，自我与阿尼玛或阿尼姆斯的相遇，具有丰富的心理发展潜力。与阿尼玛/阿尼姆斯的相遇代表了与潜意识的联系，这种联系甚至比与阴影的联系更深。与阴影相遇的是整体心灵中被鄙视和被拒绝的部分，是低级的和被厌弃的属性。而在与阿尼玛/阿尼姆斯的相遇中，自我则触及了有可能会引领我们进入自我所能达到的最深、最高的境界（无论如何是最极致的）层面。

然而，为了追随这种直觉，荣格不得不改变路线，重新定义阿尼玛/阿尼姆斯的本质。阴影通常不会引导个人进入心灵中被人格面具排斥的部分太远，除非它让一个人遭遇了绝对的恶。另一方面，阿尼玛/阿尼姆斯有可能成为通往自性的桥梁，这是一个更高远的目标。因此，阿尼玛/阿尼姆斯不可能只是人格面具的反面。它必须深深扎根于集体无意识、原型和原型意象中。它的根必须比阴影的根扎得更深，走得更远。1921年正是荣格循着这些心灵轨迹进入集体无意识腹地的时期。他暗示了接下来会发生什么："正如人格面具（适应环境的工具）受到环境条件的强烈影响一样，阿尼玛也受到无意识及其性质的影响。"[17]阿尼玛概念由此发生了细微但非常重要的变化。阿尼玛不再仅仅是对人格面具的补充，因此被人格面具中的内容批判性地塑造，而是被无意识及其性质塑造。后来，当荣格把阿尼姆斯和阿尼玛视为从心灵谱系的灵性端接受其形态的原型意象时（见第四章），他总结道，阿尼玛/阿尼姆斯更多是由原型，而不是集体共识塑造的。阿尼玛和阿尼姆斯将成为持久的心灵形态，成为塑造心灵的力量，就像它们被心灵所塑造一样。这种动态的力量可以打破文化的形式，把他们自己的工作事项强加给一个有时惊慌失措，有时不太情愿的自我身上。

荣格在1925年的一篇关于婚姻的文章中写道："每个男人内心都有女人的永恒意象；不是这个或那个特定的女人，而是一个明确的女性意象。"[18]这已经多多少少成为分析心理学中对阿尼玛的一个标准定义。在这里，荣格指出了阿尼玛/阿尼姆斯的原型本质，撇开了这种内在态度和人格面具互补的观点。他继续说道，这是"原初起源的遗传因素"，女性意象是"女人呈现在男人面前的样子"，而不是她本身。同样，阿尼姆斯也是女人内在的男性人格意象。男女之间所有困惑的背后都隐藏着这些内部结构产生的意象、思想和假设。男女常常互相误解，因为他们往往是在与异性的“意象”，而不是与真实的人发生联系。很明显，这些内部结构会扭曲现实，在原本相当理性和善意的个体之间造成误解。保存在两性无意识中的男性和女性意象分别是原始的，相对来说不受历史和文化环境的影响。它们类似于在个体的人类心灵中一代又一代重复其肖像的那些永久稳定的意象。柏拉图和苏格拉底对女性的困惑，与今天给男性制造陷阱的阿尼玛意象如出一辙。抹大拉的玛利亚①心中充满的期待和渴望继续渗透到现代女性的意识中，尽管她们之间存在着巨大的文化和社会差距。阿尼玛/阿尼姆斯是伟大的幻觉创造者，它给疲惫的人带来欢笑，让天真的人心碎。

1950年，凭借岁月带来的优势，荣格在《爱翁》中写道：“制造投射的是阿尼玛，或者说是阿尼玛代表的无意识。”[19]在这本书中，他试图再次定义这个难以捉摸的内在因素。荣格一直认为投射是由无意识而不是自我创造的。我们对自己的投射不必负责，要负责的是没有意识到它们的存在，没有能够收回投射，或对它们不加分析。它们自发产生，并创造出个人对世界和现实的看法，这种看法是基于无意识意象和结构，而不是基于经过验证的对现实的感知。荣格现在将所有投射的起源定位在阿尼玛/阿尼姆斯中，从而突出了这个心灵因素的动态和活跃性质。

当然，我们在不断地投射，我们对生活、他人、世界建构方式

---

① 耶稣从其身上驱逐出7个恶鬼的女人。——译者注

的理解，在相当重要的程度上都是由无意识内容构成的，这些内容投射到环境中，被我们当作绝对的真实而抓住不放。荣格在这段话中说，阿尼玛/阿尼姆斯就像创造虚幻世界的印度摩耶女神一样，自我最终安居的世界，大体上则是建立在一个主要由投射组成的世界。荣格不是从对东方宗教的研究中，而是从自己作为心理医生和分析师的第一手经验中了解到这些。有些人的观点扭曲得确实令人惊讶。同样值得注意的是，即使已发现其中有严重缺陷，我们仍绝对相信自己的观点，很少质疑这一套基本假设。

提升阿尼玛/阿尼姆斯意识

以心灵的原型结构为基础的阿尼玛/阿尼姆斯意象，通过心灵系统的过滤和自我意识感知，呈现出特定形式和类型。如果说阴影意象让人感到恐惧和害怕，那么阿尼玛/阿尼姆斯意象通常会带来兴奋，并激发人们对结合的渴望，使其产生了吸引力。如果不是太胆小或害怕冒险的话，凡是有阿尼玛/阿尼姆斯的地方，我们都心向往之。我们想加入它，成为它的一部分。当一位伟大的演说家施展他魔法般的口才时，击中听众的魅力电流正是得助于阿尼玛/阿尼姆斯的呈现。听众愿意相信，个人也会跟着号角采取行动。一种对现实的感知被创造出来，在阿尼玛/阿尼姆斯强烈的情绪指令下，信仰尾随而至。由此可见，阿尼玛/阿尼姆斯是具有转化性的。

不过，为了心理发展和意识的增进，自我与阿尼玛/阿尼姆斯处于辩证的互动过程中，而不是听到号召就立即行动，这个对话和对抗的过程被荣格称为“切碎”。这是一个德语词，字面意思是“把某物拆成碎片”，指的是两个人强烈参与到彼此的对话或谈判中，双方都没有逃避冲突的过程。当他们的互相对立，以肢体或言语形式表达出来的时候，两者之间最初笼统的、几乎无法表达的差异开始变得分明。划线，区分，最终明了清晰。一开始高度情绪化的对抗后来变成了两种截然不同的人格之间的意识关系。两者也许会达成协议，起草并签署某种合同。

自我与阿尼玛/阿尼姆斯之间的接触也是如此。这是一项提升意识、觉察投射、挑战我们最浪漫和精心保护的幻想的工作。与阿尼玛/阿尼姆斯对话就是要消解无意识幻想的虚幻世界，让个体最深刻地体验到自己心理世界的高度和深度。种种无意识想法让我们在已经吃饱的时候还垂涎欲滴，让我们在本该早已满足的情况下还欲罢不能，让我们在刺激–反应的锁链中无休止地重复着情感上的贪得无厌模式。地牢和龙、神话与童话、过度的浪漫和刻薄的指责，都是阿尼玛/阿尼姆斯在我们心灵深处编织的世界的一部分。我们最多只能佯装放弃，转而更顽强地坚持我们最珍视的自我欺骗和幻想。“我们从意识方面发现的关于它们（阿尼玛和阿尼姆斯）的内容是如此微不足道，几乎无法察觉。只有当我们把目光投向心灵的黑暗深处，探索人类命运奇特而曲折的道路时，才会逐渐明白这两个因素对我们意识生活的影响是多么巨大。”[20]这或许是对主张性格即命运的弗洛伊德的回答。在荣格看来，阿尼玛/阿尼姆斯就是命运。那些远超出自我意志或知识所能控制的原型力量的意象，引导着我们走向自己的命运。

《爱翁》是荣格所有作品中关于阿尼玛/阿尼姆斯的经典文本，荣格也承认关系在觉察我们心灵内部之隐秘领域过程中的中心地位。“我想强调，”他写道，“……阴影只能通过与伴侣的关系来实现，阿尼玛和阿尼姆斯只能通过与异性伴侣的关系来实现，因为只有在这样的关系中，投射才会起作用。”[21]正如前文所说，我们可能需要根据性别认同的当代发展来修订这个观点，因为在性别认同中，阿尼玛/阿尼姆斯意象有时由同性成员携带。然而，关键在于，正是在情感关系中，这些意识的发展才成为可能。尽管确实需要大量内省才能使其完全开花结果，但意识化并不是一件孤立进行的事情。经验必先于洞察力。阴影是通过对捕捉到个人无意识特质者的投射而被体验到的。同样，阿尼玛/阿尼姆斯也是在投射中被一个人捕捉到的，这个人在某种相当重要的程度上具有阿尼玛/阿尼姆斯的特征，且可以唤起来自这个部分的无意识反应。这种情况发生时，荣格继续说，心灵聚合中有三个人物变得相关，“对阿尼玛的认识，在男人身上产生了一个三元组合：男性主体、对立的女性主体，以及超越性的阿尼玛，其中的1/3是超越性的。女性的情况正好相反”。[22]这假定了相当程度的意识存在，因为一般来说，投射载体和投射融合在一起，阿尼玛/阿尼姆斯和其他主体成为一体。然而，荣格在这里假设了一定程度的分离，这样就有（1）一个意识自我及其个人主体性，（2）另一个人，也就是伴侣和她/他的意识自我和个人主体性，以及（3）阿尼玛/阿尼姆斯的原型形象。荣格写道，这个三位一体是由第四个人物完成的，在男性的例子中是智慧老人，在女性的例子中则是神圣母亲（Chthonic

Mother）。阿尼玛/阿尼姆斯和智慧人物是超越性的，在本质上属于无意识，起源于精神领域。而自我及其搭档正是参与激发这个聚合体情感关系的意识人物。在这个四位一体中，我们发现了作为关系的自性的超自然体验。在这个充满爱与吸引的情境中，只要有足够占据上风的意识看到人类和原型特征之间的差异，就有机会获得自性的完整体验（见第七章）。

更复杂的特征是，阿尼玛/阿尼姆斯在投射中的这种体验在心理发展的许多不同阶段都会发生。如果仅仅是迷恋和坠入情网的话，它可以在童年时期发生在父母和孩子之间；然后在青少年时期（典型而强烈地）再次发生；幸运的是，进入成年后，它还会继续发生。它甚至一直延续到老年（据说歌德在70多岁时曾低声祈祷，感谢他还能与一个年轻女子相爱）。阿尼玛/阿尼姆斯永远活跃在心理生活中，抑郁症的本质即是阿尼玛/阿尼姆斯的缺席。除了身体的性欲，这也是心灵的性欲。它在身体器官为性体验做好准备之前就开始了，并在身体无法进行严格性行为的情况下依然活跃。然而，要想从阿尼玛/阿尼姆斯体验中获得充分的心理利益，一个人就必须达到极高的意识水平。能够区分投射和投射载体、幻想和现实，这确实罕见。因此，荣格所说的实现——这个聚合体中包含的四元性，以及经验中超自然特征的实现——就留给了像拙火大师和其他类似人物那样具有微妙心理辨别能力的少数个体。对其他人来说，阿尼玛/阿尼姆斯是玛雅女神，是幻觉的创造者、神秘者、魔术师，是永恒爱人不断消逝的幻影。看穿了阿尼玛/阿尼姆斯的幻象游戏，而又不承认超自然人物在起作用，就会愤世嫉俗和绝望。

阿尼玛真是个“无情的妖女”。

性与关系

许多人有充分的理由驶离阿尼玛/阿尼姆斯体验的浅滩。自我的天然防御将这种诱惑保持在一定距离之外。小男孩直觉上知道自己无法迎接挑战，会从过于强大、有吸引力的小女孩身边跑开。成年男人有时也会明智地这么做，因为阿尼玛是传统婚姻和事业的破坏者。女人也会抗拒酒神的阿尼姆斯吸引他们醉生梦死的召唤，因为这里面存在着自我瓦解和疯狂的危险，这种召唤吸引她们通过放弃自我的爱走向狂喜和满足。许多人祈求从个人难以掌控的诱惑中解脱出来，这不是没有道理的。关于阿尼玛的力量，荣格最喜欢的一个例子是赖德·哈格德（Rider Haggard）的《她》。这是一部二流小说，描述了非洲荒野中一个永生不死的蛇蝎女人，所有人必须听命于她（“必须服从的她”并不只是对鲁波尔专横妻子的幽默称呼，这个词来自哈格德的小说）。她是一个死后复活的永恒女神，把男人引向激情的火焰，最后走向毁灭。不过荣格还觉得，如果一个人能够忍受情绪和激情的火焰，就能得到转化。对原型、集体无意识及其力量的体验，可以带来一种新的意识状态，在这种状态下，心灵的真实性对自我而言，就像物质世界的真实性对感官而言一样令人信服。阿尼玛/阿尼姆斯的超越性一旦被体验到并认可其魔力，就成为理解世界的全新桥梁。阿尼玛/阿尼姆斯经验是通向自性的康庄大道（捷径）。

荣格的阿尼玛/阿尼姆斯理论，在某种程度上，似乎是弗洛伊德关于性是力比多中心来源这一古老主题的极具想象力的变体。荣格在人类性行为中看到的远不只是动物发情、释放压力或追求快乐。心灵的吸引也参与其中，当它们与伴随的生理活动相区别时，意象就出现了。这个意象是一种位于心灵光谱的原型端的心灵事实。它与性本能结合在一起，赋予阿尼玛/阿尼姆斯以身体驱力。

人类性行为是由原型意象引导的，但并不能将意象简化为驱力。我们会被某些人吸引。为什么人们会选择这个人作为灵魂伴侣而不是其他人？这是由投射的意象决定的。通常情况下，“阿尼姆斯喜欢将自己投射在‘知识分子’和各种‘英雄’身上，包括男高音、艺术家、体育明星等。阿尼玛对女人身上一切无意识的、阴郁的、模棱两可的、不相关的（即处于松散状态）的部分都有偏爱，也对她的虚荣、冷淡、无助等有所偏爱。”[23]为什么这样难缠的女人会如此频繁、轻而易举地吸引男人？为什么强势的女人往往吸引不了男人？荣格认为，对弱小无助女性的偏爱是基于阿尼玛投射，阿尼玛在一个强烈认同男性身份的人的无意识中是无差别的、低等级的。古老的智慧告诉女人，要想吸引男人，就得示弱。阿尼玛代表了男性未发展的一面，他从中无意识地感到无助、无所适从、忧郁又迷茫，男人被这吸引住了。同样，强势的女人有时是命中注定被软弱的男人所吸引，然后充满幻想，想把他们从酗酒或其他颓废萎靡中拯救出来。再说一遍，她们在寻找自己失去的部分，即在投射中作为一个低等男性出现的阿尼姆斯。如果她是一个脆弱无助的女人，无意识可能会用强大的男性意象进行补偿，她会无可救药地发现自己被一个英勇的阿尼姆斯投射载体所吸引。

一旦两个人走到一起生活一段时间，接下来的关系就开始显现出典型的阿尼玛/阿尼姆斯特征。在亲密关系中，进入心灵交融的，不仅是伴侣的自我，还有无意识部分，特别是阿尼玛和阿尼姆斯。它们一直都在那里，各自为伴侣双方制造吸引，但此刻的它们与求爱阶段截然不同。以下是心理现实主义者荣格对这种情境的描述："没有一个男人可以和对方的阿尼姆斯交往5分钟，而不沦为自己阿尼玛的受害者。任何一个具有足够幽默感，可以客观地倾听接下来对话的人，都会被大量俗语、误用的老生常谈、报纸和小说中的陈词滥调、夹杂着粗俗谩骂，毫无逻辑又铺天盖地的陈芝麻烂谷子所震惊。无论参与者是谁，这种对话都已在世上所有的语言中重复了千百万遍，且始终保持不变。"[24]男性的阿尼玛变得易怒、多愁善感、情绪化；女性的阿尼姆斯变得暴虐、权欲熏心、自以为是。这并不是一幅美丽的画面，肯定与歌曲和故事中浪漫的神秘结合版本形成鲜明对比。伴侣一方被阿尼姆斯——由权力驱动的一套无差别的意见集合——所控制，而另一方则退缩到未分化的、由爱的需要所驱动的情绪中。一个变得教条武断，另一个则变得孤僻或情绪化，开始乱扔东西。这就是典型的阿尼玛与阿尼姆斯吵闹不休的"猫狗大战"。

如果冲突的情绪、谩骂和火药味稍微平息，这对情侣有可能说出对彼此很重要的话来。一旦自我恢复到正常状态，他们甚至可能会认识到一些超越的事件已经发生。他说的话可能不是个人的，而是普遍的、集体的，甚至原型层面的，具有普遍性。也许在每个伴侣爆发的黑暗物质中，隐藏着智慧的萌芽。也许从现在已经过去的风暴中可以产生一些澄清和洞见。这是意识的工作，超越情绪，达到洞察和共情。至少，一个人可以由此瞥见自己和他人的内心深处，瞥见通常隐藏在社会化和适应性人格面具背后的情感幽深之处。

当然，我们有必要看看荣格自己的生活，来进一步扩大阿尼玛对他的意义。这超出了本书研究的范围。我引用了荣格自传中的一些段落，他的传记作品已经付梓，还有一些正在整理中，这些作品更全面地描述了他与女性之间的深厚关系。荣格曾说，所有的心理学理论都是个人自白，这尤其适用于那些涉及心灵内在人物和人格的领域，如阴影、阿尼玛/阿尼姆斯和自性等。这些概念和抽象的理论是基于具体的人与人之间的心理经验，而不是孤立的或私人的。阿尼玛对荣格来说既是一个活生生的内在现实，一个真正一流的内在人物，也是他在投射和关系中的强烈体验。阿尼玛在荣格的内心和外在生活中是一个永恒的伴侣，从早年和保姆开始，一直延续到他与艾玛·劳森巴赫（Emma Rauschenbach）的浪漫恋爱和婚姻，以及他与托尼·沃尔夫（Toni Wolff）深厚而持久的关系。对他来说，阿尼玛似乎就是命运的主宰。我将在下一章描述最深刻的自性体验，对荣格来说，这个概念发生在男女的结合中，尤其是当阿尼玛和阿尼姆斯是他们结合中的指导人物时。

第七章　心灵的超越性中心与整体（自性）

我曾想过用自性作为本书开篇第一章，因为这是荣格整个理论视野中最基本的特征。这是他的心理学理论的关键，而且在某些方面，它将荣格与其他深度心理学和精神分析人物区别开来。值得注意的是，过去半个世纪，精神分析理论已经朝着荣格的方向有了很大发展，但是很少有其他精神分析理论家会像荣格提出自性概念一样在理论中冒险。虽然今天还有许多作者在临床研究和理论阐述中使用“自性”一词，但没有人考虑到荣格想要用这一概念所包含的相同的领域。但是，从历史和概念上来看，荣格的自性理论从一开始就具有误导性。这不仅是他的理论最基本的特征，也是其理论的顶点，需要好好准备才能把握其全部范围和重要性。

对荣格来说，自性是超越性的，这意味着自性不是由心灵来定义或包含在心灵领域中，而是在心灵领域之外，且在重要的意义上界定了心灵。正是自性的超越性特征，才使荣格的理论不同于其他自体理论家，例如科胡特的理论。对荣格来说，矛盾之处在于自性不是自己。它不仅是一个人的主体性，其本质超越主观的领域。自性形成了主体与世界，与存在结构共性的基础。在自性中，主体与客体、自我与他者相连于共同的结构和能量场。这是本章接下来的内容，也是我最希望最突出的一点。

“自性”一词在英语中的常见用法让人很难理解荣格在理论中表达的意思。在日常用语中，自性（self）就是自我（ego）。当我们说某人是自私的（selfish），意思是说他们是自我中心（egotistical）或自恋的。但在荣格的词汇中，自性（self）的意思完全相反。说某一个人是自性为中心的（self-centered），就是说他并不是自负或自恋的人，而是具有哲理性的人，拥有广阔的视野，不会反应过激，也不会轻易失去平衡。[①]当自我与自性具备良好的链接时，个人就与超越性中心建立了关系，恰恰不会自恋地投入到短视的目标和短期收益中。在这样的人身上，有一种无我（ego-free）的品质，仿佛他们考量的是更深广的现实，而不仅仅是自我意识中那些典型的实用、理性和个人利弊考量。

荣格的自性体验

在讨论荣格自性理论的核心文本《爱翁》之前，我认为让读者对荣格最初的经历有个印象会很有帮助，正是这些经历促使他假定了自性的存在。后来的理论来源于他的这些体验。

荣格第一次重要的自性体验，据他描述，发生在1916年至1918年间。在这段生命的困难时期，他发现了一个重要事实，即心理的底层建立在一个基本结构之上，这个结构能承受放弃和背叛的冲击，而这些冲击会破坏一个人的心理稳定和情绪平衡。这是对深层无意识中的心理统一体和整体性模式的发现。

在荣格看来，所有原型中最不具备个人特征的自性体验，具有高度戏剧性。这来自荣格内心的挣扎和动荡，并为他生命中的一段时期画上了句号，这一时期他常常怀疑自己是否在心灵的荒野中

---

① 英语日常用语中，self近似于ego，都表示自我。Egotistical近似self-centered，都表示自我中心的。——译者注

迷失了方向。他在纠缠不清的情感、思想、记忆和意象的丛林中摸索时，没有任何地图可供参考。在自传中，荣格把这段时期称为“与无意识的对抗”。[1]在获得重大发现时，荣格已经进入了中年危机。那时他大约41岁，约5年前与弗洛伊德决裂，此后遭受了情感的迷茫和职业上的不确定，现在他正逐渐从中恢复过来。他把中年时期的前半段（1913—1916年）称为发现内心世界、阿尼玛、无意识意象和幻想的多元化时期。在这些年的内在探索中，荣格将自己的梦境、幻想和其他重要体验记录在一份精心制作、图文并茂的文件中，这份文件被称为“红书”。在努力梳理从无意识中迸发出来的意象和情绪的同时，他一直在试图理解这些内容是如何结合在一起的，它们的意义是什么。他曾用瑜伽呼吸等练习来维持情绪平衡。在情绪有可能破坏他的心理平衡和理智时，他就用冥想、游戏疗法、积极想象和绘画使自己冷静下来。作为自己的治疗师，荣格也研究出了一些技术（后来会用在病人身上），以保持自我意识在这些海量无意识材料中的稳定。

随着不断观察、倾听和记录内在体验，荣格对心灵连续体的原型端以及与之融合的精神世界的开放性增加了。在“阿尼玛层面”经历数年后，他进入了一片揭示自性原型的领地，自性是心灵整体性和秩序最基本的建筑师。他在自传中对自性的发现有所叙述，而且就发生在那几年时间里。

首先是奇怪的门铃事件。荣格讲述，1916年的一个星期天下午，当时他正坐在库斯纳赫特市西斯特大街家中的客厅里，感觉到屋子里气氛沉重，家里人好像也紧张暴躁。他不明所以，空气中似乎布满了看不见的人影。突然门铃响了，他起身去应门，发现没人。然而，门环显然在动。他发誓真的看到门环自己在动。女佣问谁按了门铃，荣格说不知道，因为没有人在门口。门铃又一次响了，这次女佣也看到了门环在动。他没有产生幻觉。然后，荣格听到了下面的话：

> 亡灵从耶路撒冷回来了，他们在那里没有找到想要的东西。他们向我祈祷让他们进来，并哀求我的谕示，于是我开始布道……[2]

他决定把这些话记录下来，以下是记录的更多内容：

> 哈肯（Harken）说：我始于无。无即是有。在无垠中，有即是空。无，既是空，也是有。同样，你也可以说无是任何别的事物，例如，它是白或黑，或者，它非白亦非黑。这种虚无或充实，我们称之为圆满（PLEROMA）。[3]

接下来的几天，荣格似乎听写一般记下了一篇诺斯替教派的文章，题为《对死者的七次布道》（*Seven Sermons to the Dead*）。这篇以古代诺斯替教大师巴西利德斯（Basilides）的身份言传的教谕，是荣格从心灵的原型领域中得到的信息。[4]

当然，人们知道荣格在此之前对诺斯替教非常感兴趣，也读过很多古代诺斯替教文献。毫无疑问，在他的客厅和图书馆里，有很多与这种宗教异象体验有关的东西。虽然是以庄严的宗教文本形式出现，但这也是一部从荣格心灵深处自发产生的、极富想象力和创造力的新作。他不是简单地从记忆中引用得来——即使是潜隐记忆也无法解释，因为这些内容不能在其他诺斯替教典籍中找到。他也没有特意用诺斯替教派的风格来写作，这个作品并不是刻意为之。回过头来可以看到，这篇大约在3天内完成的文章，包含了许多荣格在接下来的几十年里用更理性、理智和科学的术语进行研究的思想种子。

这是荣格与无意识对抗这些年来许多不寻常的心灵体验之一。在世俗层面上，荣格继续着自己的生活和工作。此时恰逢第一次世界大战，作为中立国的瑞士与欧洲和其他更广阔的世界隔绝开来。旅行不再可能。像所有瑞士成年人一样，荣格在军队服役。作为一名军医，他被分配到位于瑞士法语区欧克斯堡的战俘营担任指挥官。这肯定是一份多多少少有些乏味的行政工作，就像例行公事一般，他每天早晨都花些时间画圆圈，如果觉得需要，就画得更精致些。这种练习过后，他常常神清气爽，足以应对接下来新的一天。他在自传中说，这种活动可使他保持专注。[5]

这些涂鸦中的一部分变成了非常精致的画作。后来，荣格将它们与藏传佛教的曼荼罗相比较，后者是代表宇宙和佛教徒灵性世界的意象（大约在20年后的印度之旅中，荣格非常感兴趣地注意到人们是如何将这些传统图像画在家里的墙壁上或寺庙里，以保持同宇宙灵性力量的连接，或抵御邪恶的力量和影响。曼荼罗有保护和祈祷的功能）。荣格开始意识到，他再现了一种普遍的潜在原型模式，这种模式与将事物有序排列有关。这个经验使他最终得出结论：如果自发呈现的心灵过程得以依序展开到终点，并允许其充分表达，就会实现这个过程的目标，即呈现出有序统一的普遍意象。曼荼罗是一个表达有序整体的直觉的普遍符号。荣格选择了“自性”一词给心理中产生这一目标和模式的原型因素命名，效仿的是印度《奥义书》中对高级人格——阿特曼的命名。这种描绘和阐述曼荼罗的经历成为荣格主要的自性体验，缓慢自发地、经验般地出现在他的意识中。

最后，荣格在1928年记录了一个梦，对他来说，这个梦代表了自性的实现（虽然他的中年危机在1920年就结束了，但余波一直持续到1928年，当时荣格52岁）。荣格在整个40多岁期间，一直生活在不确定的心理边缘状态中，这种状态一开始强烈深刻，后来逐渐减弱。最后他做了一个梦，梦见自己来到了英国城市利物浦。他和一群瑞士朋友在一个雨夜漫步街头，很快他们来到了一个车轮形状的交叉路口。几条街道从这个轮毂中心辐射出来，在交叉路口的中间是一个广场。周围一片黑暗，中间的安全岛却灯火通明。其间有一棵木兰树，开满了淡红色的花。同伴们似乎都看不到这棵美丽的树，荣格却被它的美征服了。后来，他将这个梦解读为，他被赋予了一个位于“生命之池”（Liverpool）[①]的、超越世俗之美的中心意象——自性。根据这次梦境体验，他写

① 利物浦的英文Liverpool从字面上可理解为肝池，荣格认为这也是生命之池。——译者注

道，“我的个人神话初现雏形”。[6]在这个关键段落中，荣格宣称自性是他个人神话的中心。后来他把这视为初始原型（太一），其他所有原型和原型形象最终都衍生自这个初始原型。自性是荣格心理宇宙的磁场中心。它的存在将自我的罗盘指针拉向正北。

荣格对自性的定义

现在让我们从荣格个人的自性体验转向他的理论，以下几点说明将为讨论这个主题的关键文本《爱翁》做好准备。荣格关于自性的著作散见于《荣格全集》1925年（荣格50岁生日那年）以后出版的各卷和论文中，其中最专注于这个主题的是《爱翁》。这部作品出版于1951年，按照该卷编辑的说法，这是“一部关于自性原型的长篇专著”。它的副标题 “自性现象学研究”表达了同样的观点。本书的书名取自古老的密特拉教，爱翁是其中一个掌管星象历法的神，故也掌管着时间本身。书名由此暗示了一个可以超越支配自我意识的时间/空间连续体的因素。

《爱翁》前四章对荣格心理学做了简要介绍，涵盖了自我、阴影、阿尼姆斯/阿尼玛等概念，并对自性理论进行了初步探讨。接着他进入到对自性的许多象征的讨论中，主要涉及《圣经》传统和相关的“异端邪说”，如诺斯替教和炼金术。作品在最后一章“自性的结构与动力学”中进行了重大的理论总结。荣格的论点往往令人费解，因为他把占星术、诺斯替教、炼金术、神学和各种传统的象征体系贯穿起来，他宣称，心灵的这种超越性因素，也就是我们现在所说的自性，很早以前就已经被许多人研究和体验过了，他们的象征性阐释，对于把握自性的本质和能量十分有用。

自性的导言一章开宗明义如下，“自性……完全在个人领域之外，即使有，也只是以宗教神话的形式出现，其象征从最高级到最低级不等……任何人如果希望不仅在理智上，而且在情感–价值上实现某种艰难的壮举，就必须处理好阿尼玛/阿尼姆斯问题，以便为一种高度的结合，即对立面结合开辟道路。这是获得整体性的一个不可或缺的先决条件”。[7]走笔至此，荣格在文中引入了“整体性”一词，类似于自性。从实践的角度讲，自性在意识中显现时，就会产生整体性。事实上，这不大可能完全实现，因为驻留在自性中的极性和对立面永远在产生更多的新材料以待整合。不过，在日常基础上练习整体性乃是自性之道，是荣格版的活在道中。“虽然‘整体性’乍一看似乎只是一个抽象的概念（就像阿尼玛和阿尼姆斯一样），但它是可以被心灵预期的，以自发或自主的符号形式呈现的体验。这些就是四位一体或曼荼罗象征，不仅出现在从未听说过它们的现代人的梦中，在许多不同民族和时代的历史记录中也广泛传播。”[8]

自性象征是《爱翁》关注的焦点。根据荣格的理解，自性无处不在，是自生的（即先天的、自发的），它们从原型本身出发，穿过原型的类心灵区进入心灵。自性，一个超越性的非心理学实体，通过作用于心灵系统，常常作为四位一体或曼荼罗意象（正方形和圆形），产生整体性象征。“历史和实证心理学充分证实了它们作为统一性和整体性象征的意义。它初看起来像是一个抽象的概念，在现实中却是存在的，可以体验的，这证明了它是自发的先天存在。因此，整体性是一个独立于主体之外的客观因素。”[9]

在这段话中，荣格继续描述了心灵中的等级制度。就像阿尼玛或阿尼姆斯“在等级中的地位高于阴影，整体性要比阿尼玛/阿尼姆斯这个两极会合获得更高的地位和价值”。[10]阴影位于最直接的层次，在这之上的阿尼玛/阿尼姆斯——即这个两极会合——拥有更高的权威和力量。自性主导整个心灵机构，拥有终极权威和最高价值。“统一性和整体性在客观价值尺度上处于最高点，因为它们的象征再也不能与神的意象区分开。”[11]荣格认为，我们每个人身上都有神的意象，即自性的印记。我们也都带着原型的标志：原型（archetype）一词中的typos是指印在硬币上的标记，arche是指原版或主版。每个人都带有自性原型的印记。这是与生俱来的，也是天赋的。

由于我们都因生而为人被打上了“神的印记”，我们也就接触到了“位于客观价值尺度最高点的统一性和整体性”。这种直觉知识在需要的时候可以帮助我们，“经验表明，个体的曼荼罗是秩序的象征，它们主要出现在心灵迷失方向或需要重新定向的病人身上。”[12]人们在自发画出或梦到曼荼罗时，就向治疗师暗示了意识中存在的心理危机。自性象征的出现意味着心灵需要统一。这是荣格自己的经验。他是在最迷茫的时候，开始自发地画曼荼罗。在心灵系统面临解体的危险时，自性产生了对整体性进行补偿的象征，这时自性原型就会介入，努力将其统一起来。

心灵系统中出现统一象征和整合运动通常是自性原型采取行动的标志。自性的任务似乎是把心灵系统凝聚在一起，使之保持平衡。它的目标是统一。这种统一不是静态的，而是动态的，我们将在下一章有关自性化的内容中看到这一点。心灵系统的统一是通过变得更平衡、相互关联和整合来实现的。自性对整个心理的影响，由自我对意识的影响而镜像地反映出来。就像自性一样，自我也有一种居中、有序、统一的功能，它的目标是在情结和防御系统存在的情况下，尽可能平衡和整合各个功能。在第一章中，我讨论了自我作为意识中心和意志的所在。它有能力说“我”“我是”“我想”“我要”。在另一个阶段，它成为一个有自我意识的心灵实体，不仅能说“我是”，而且能说“我知道我是”。虽然不太确定，但自性可能也知道自己。原型是否拥有自性觉知呢？它知道自己是什么吗？荣格认为他在原型中发现了某种意识存在。例如，当原型意象侵入自我，并占据自我的时候，就有了一种声音、一种身份、一种观点和一套价值观。但是，原型本身是否拥有自性觉知呢？有一个神话强有力地指出了这种觉知。摩西在燃烧的荆棘丛中面对上帝时问道：“你是谁？”原型的声音回答说：“我就是我。”无论这在神学上意味着什么，似乎都表明了原型具备自我反省意识。

荣格认为，自我与自性之间存在着一种特殊的关系。有可能自性具有最高形式的自我觉知，并与自我分享这种觉知，自我在心灵世界较为人熟悉的区域内强烈地表现出这种特性。由于自我与自性之间的这种亲密联系，可以说，自性实际上是自我的一种意象、某种超我或自我的理想。不过，荣格坚持认为，他发现了某种类心理的东西——Psyche——类似于心灵，但严格说来并不只属于心灵——它存在于心灵之外，通过其意象、精神内容、神话观念，以及诸如摩西在燃烧的荆棘丛中或在西奈山上接受律法的启示性经验来影响心灵系统，但它并不是自我或社会建构的产物。

自性的象征

虽然全书都是关于自性，但《爱翁》有两章专门讨论自性象征这一主题。其中的一章，是我们刚刚提到的导论性质的第四章。本书的最后一章，则可能是荣格关于自性最复杂、最完整的陈述。它对过去2000多年来贯穿西方文化表征，以及来自诺斯替教、占星术和炼金术的象征做了讨论。

本章以自性是埋藏在自我意识之下的原型开篇。自我意识是个体意志、觉知和自我主张的核心。它的功能是关注个体，并使之存活。自我——正如我在第一章描述的那样——是一个围绕着双重中心、创伤和原型（自性）组织起来的情结。荣格列举了一系列可能的意象来讨论自性。[13]其中有些是出现在梦境或幻想中的意象，有些则出现在与世界的关系和互动中。诸如圆形、方形、星形等几何结构无处不在地频繁出现。以下这些可能在梦中出现，却没有引起特别注意：人们围坐在一张圆桌旁，四个物体排列在一个方形的空间里，一张城市平面图，或一个家园。数字，特别是数字四和四的倍数表示四位一体结构（荣格对数字三不太喜欢，他认为三只是自性的部分表达：三“应该被理解为残缺的四位一体，或者是走向四位一体的垫脚石”。[14]在其他文章中荣格对三和三位一体的看法更正面，但主要是把它们看作对整体性的一种理论近似而已，欠缺了整体性所需要的具体性和基础）。

其他的自性意象是各种宝石，如代表高价值和稀缺性的钻石和蓝宝石。更深一层的自性表征包括城堡、教堂、器皿和容器，当然还有轮子，它有一个中心和向外延伸的众多辐条，最终形成一个圆形的边缘。比自我人格优越的人物，如父母、叔叔、国王、皇后、王子和公主，也可能是自性的象征。还有一些象征自性的动物意象：大象、马、牛、熊、鱼、蛇，这些都是代表部落或民族的图腾动物。集体人格大于自我人格。

自性也可以用树木、花草等有机物意象，以及山川、湖泊等无机物意象来象征。荣格还提到阴茎也是自性的象征。“在贬低性的地方，自性就以阴茎为象征。贬低可以表现为普通的压抑，也可以表现为公开的贬斥。在某些分化的人中，对性的纯粹生物学解释和评价也会有这种影响。”[15]荣格指责弗洛伊德的态度过于理性主义，导致他对性的过分强调，这使荣格对性本能采取了一种神秘主义的态度。

自性包含了对立，“具有某种矛盾的、反律法（非道德）的特征。它是男女、老少、强弱、大小的对立组合（还可以补充善恶）。很可能，这些看似矛盾的内容不过是意识态度向对立面转化的反映，这些意识态度可以对整体产生有利或不利的影响。”[16]换句话说，自性的表现形式受到个人意识态度的影响。意识态度的变化可以让自性象征的特征发生转变。

荣格在做总结陈述时，开始画自性的示意图，希望借此澄清自己的观点。《爱翁》第390段和391段中的图表是对大量材料进行总结的尝试。荣格以图示来表达自己的思想有些不同寻常，但他所触及的复杂程度和理解力可能是人类无法掌握的。第一张图是自性各层级的横断面视图。

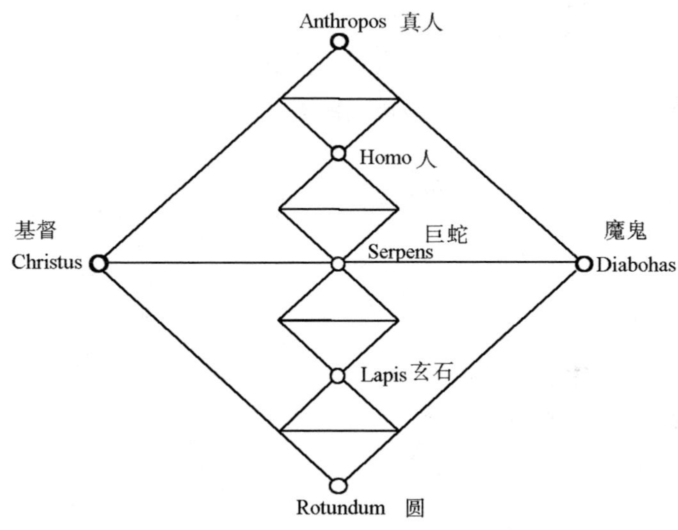

图1　自性横断面视图

每一个层级都由一个四位一体构成，分别代表了该层级的复杂性和完整性。四个四位一体意象，按照从物质到精神的顺序逐级往上堆叠在一个连续体上，表达了最终的完整性。

从一个角度看似是四位体，从另一个角度看，却是首尾相连的三维六角形。

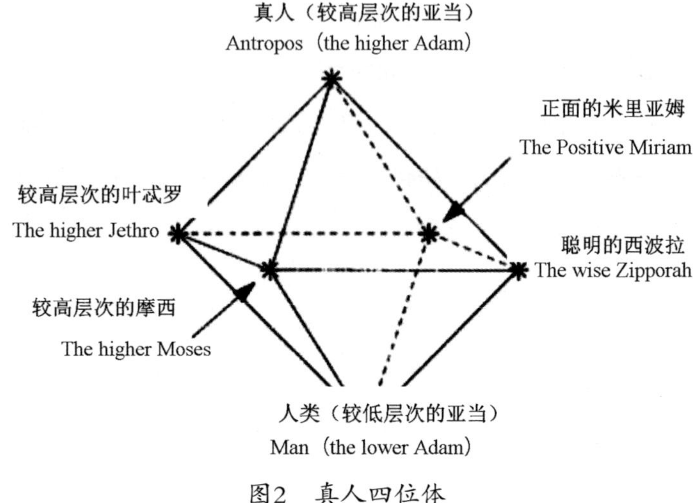

图2　真人四位体

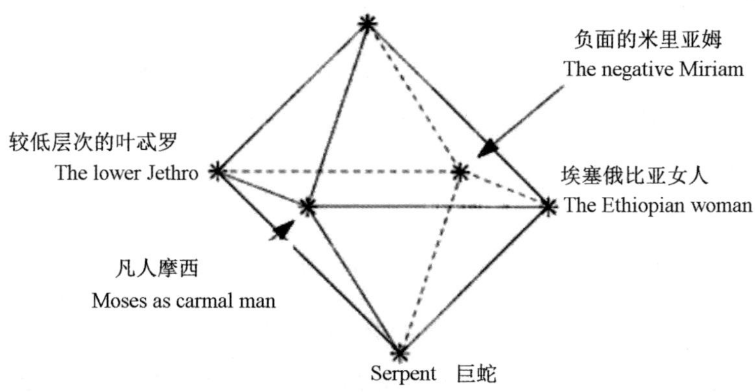

图3　阴影四位体

这些三维的双层金字塔，上下两部分共享一个交点。按照四位一体的组合方式，在两个金字塔合体的中间有一条基督-魔鬼线将它们分为两半，这条线之上是人类与真人四位体，之下是玄石和圆四位体。位于人类位置的圆形，定位了自我意识。在它的正上方升起了真人四位一体，这是在灵性层面上对理想整体的表达，以诺斯替教中的真人或更高层次的亚当（理想人物）为象征。荣格指出，目前的历史阶段，包括最近的2000年，开始强调这种灵性的四位一体。人被视为一种灵性存在，其形象是按照基督教的理想精神意象——历史人物拿撒勒人的耶稣而来。耶稣蜕变为基督，是人们把自己精神上的更高层次（真人）的自性投射到这个人物身上的结果。

在人类位置的圆（自我意识）之下的四位一体代表了上面一个四位一体的阴影。它停留在蛇的圆圈位置。这个“较低的自性”以阴暗混沌的方式映射着“较高的自性”。阴影人物占据着这个四位体的四个点（较低的叶忒罗对应较高的叶忒罗，以此类推），荣格把这称为阴影四位一体。它与上面的真人四位一体对应，代表了对同一整体性不太理想化的表达。从阴影开始，轨迹继续向下：从精神到本能，再向下到物质本身。蛇的位置代表着阴影的基底，并与物质世界联系起来。

阴影是次级人格，其最低层次与动物本能无法区分。这就把我们理想的精神整体性与生物动物性联系起来了。一个在意识上与这个四位一体没有联系的人，只是以头脑在生活，生活在与日常生活或存在的生物阶层几乎没有联系的理智和精神理想的领域中。另一方面，一个认同并主要生活在阴影四位一体之外的人，或多或少地被限制在个人的生存（食）和物种的生存（色）这样的动物生存层面意识中，这是一种在精神和道德上不发达的状态。

蛇以其最强烈和最明目张胆的矛盾性象征着自性。一方面，它代表了人性中的一切“阴险”：冷血的生存本能、领地意识、基本的肉体性。另一方面，它又象征着身体的智慧和本能——身体觉知、直觉和本能知识。蛇在传统上是一个矛盾的象征，既指智慧，也指邪恶（或作恶的诱惑）。因此，蛇象征着自性内部最极端对立的张力。

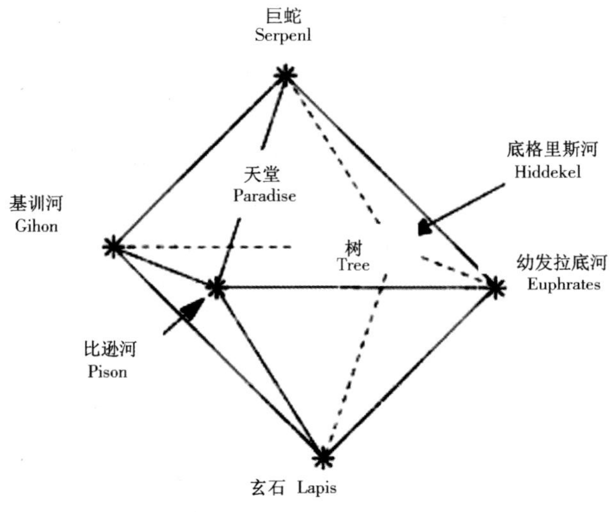

图4 天堂四位一体

继续向下，天堂四位一体代表了下降到有机物的层级。人类与动植物共享这一层级。它指的是生命是围绕着碳原子及其特性组织起来的物理事实。有机化学就是系统研究这一层级人类存在的科学学科。再往下走是玄石四位体，它是存在的绝对物质基础。在这个层级，化学元素和原子粒子必须形成某种统一性和组织性，彼此相互作用以产生一种稳定的生物，才能维持生命在有机、心理和精神层面的物理平衡。

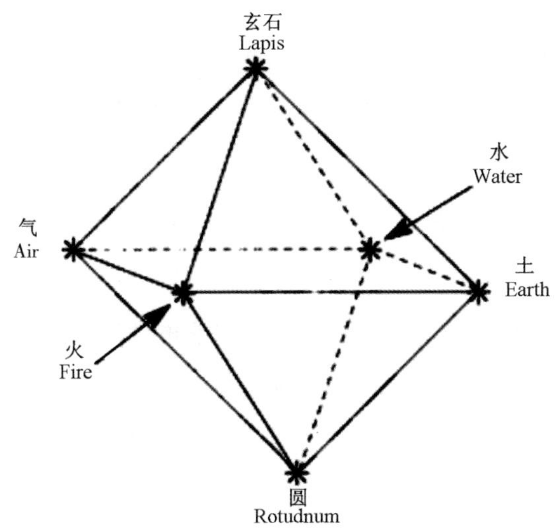

图5　玄石四位一体

这个位于心灵和有机体之下的层次，是无机领域，实际上一直下降到了分子层。自性结构到达圆这一层级时，就已经触及了纯粹能量本身。它通过原子层进入并穿过了亚原子层。荣格说，圆是一个抽象的超越性概念：能量的概念。

纯粹的心灵被留在基督–魔鬼线上，也就是在蛇的四位一体处。这条线相当于心灵与物质融合的类心灵边界。虽然蛇在某种程度上具有心灵的特质，或者说是准心灵的，但由于是冷血动物，它代表的能量距离自我意识和个人意志非常遥远。它显示出某种运动和意识，但与人类的自我意识相去甚远。蛇代表自主神经系统。蛇的身体里有智慧，但它的意识中能被自我解读和理解的内容寥寥无几。另一方面，身体仍可能要对某些梦的发生负责。蛇作为一个象征的模糊性，要么来自自我对它的矛盾——因为我们执着于更高的真人层级和理想，所以与身体的本能相冲突——或是来自它唤起了与更高层次意识失去联系的恐惧，那将是破坏性的。蛇的层级是一个意识创造者，在这一点上它代表了心灵化过程。

穿透无机层就进入了现代物理学发现的纯粹能量领域。这是由于持续向物质内部运动，直到最终到达物质消融为纯粹能量而产生的。能量是无形的。虽然也可以通过它的效果来衡量，但它实际上是一种理念，一种用来描述不能直接观察到的事物的抽象概念。正如第三章所言，对荣格来说，心灵能量就是生命力，是我们执行种种计划的活力，是我们对生活和他人的兴趣。它是一种不可忽视的力量，任何曾在临床抑郁症中遭受过它的缺失之苦的人都非常清楚。它可以移山倒海，但它也是虚无缥缈、深不可测的。因此，心理从理念、理想和意象的最高层次，通过自我存在的具体性和身体的现实性，层层下降，进入我们身体存在的化学和分子构成，最终抵达纯粹能量，再回到理念领域，也就是智识、理智和精神的世界。因此，四位一体在它们最对立的两极，在精神和物质的极限处相遇。荣格将其描述为动态循环：箭头绕圈而行，最终真人和圆再次在顶部会合。

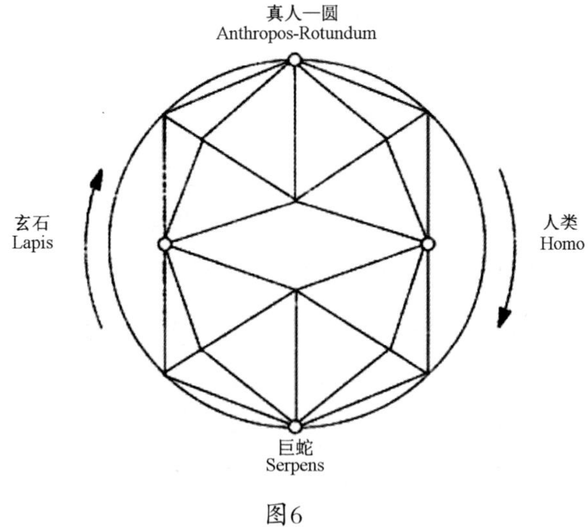

图6

作为心灵核心奥秘的自性

从荣格著作中可以明显看出，统一性和整体性是他的最高价值，自性构成了他的个人神话，但这是一个试图以证据和理论为基础的神话。更准确地说，自性理论——即有一个超验中心从自身之外支配心理及其周遭的概念——是荣格用来解释诸多基本心理现象的手段。这些现象包括圆圈或曼荼罗的自发出现，心灵在“补偿”中的自我调节功能，意识在“自性化”的整个生命历程中的逐步发展，以及心理生活中明显存在的众多极性，正是这些极性形成了连贯的结构并产生能量。一些保守的神学家曾批评荣格把自性转换成了上帝概念，然后在他自己创造的神殿里膜拜。他很可能会反驳这样的指责，荣格认为，作为一个经验科学家，自己只是在观察事实，并试图解释这些事实的存在以及它们之间的相互关系。对他而言，自性概念为心灵的核心奥秘——即它的不可思议的创造力、核心动力以及有序和连贯的深层结构——提供了最好的解释。

作为一个整体，心灵系统由许多部分组成。思想和原型意象位于这个谱系的一端，另一端代表驱力和本能，中间是大量的个人材料，如被遗忘和回想起的记忆以及所有的情结。命令这个完整的系统并将其组合在一起的因素是一个叫作自性的隐形代理，是它创造了各因素之间的平衡，并将它们联系在一起组成一个功能单元。自性是统一各部分的中心，但它是在相当远的距离上施加影响的，就像太阳影响行星的轨道一样，它的本质超越了心灵的边界，是类心灵的，一直延伸到人类经验和认识之外的领域。在这个意义上，荣格会说自性是无限的。至少我们不能从经验证据中判断它的边界在哪里。正如荣格在自传中指出，这是他能抵达的最远距离了，不过这肯定是一段不错的距离。

第八章　自性的显现（自性化）

对荣格心灵地图特征的介绍已经完毕，鉴于此，我们现在可以对贯穿人的一生的心理旅程进行讨论。我已经多次触及心理发展这一主题，现在有了整个理论，就有可能传达荣格所说的自性化过程的全部内容了。人在一生中以多种方式发展，在许多层次上经历不同的变化。荣格将一生的整体性体验——即自性在心理结构和意识中的出现——概念化了，并命名为自性化。

荣格的自性化概念部分是基于在当时西方社会中，对人们在七八十年的生命历程中的成长和发展的观察。从生理上看，人出生时是婴儿，几年后进入童年期，之后是青少年期和成年早期。身体发育的顶点一般出现在青少年后期和成年早期，到20岁时，身体的发育或多或少已经完成。这时健康的身体充满活力，完全可以进行生物繁衍，并具备了面对物质世界所需的十八般武艺和耐力。从身体上来说，这时一个人是完整的，虽然肌肉还可以进一步增强，运动技能还可以提高和磨炼。30岁以后，身体机能的衰退成为越来越重要的因素。一个人必须保护自己的身体，且要小心不能给它施加太大压力，以免损坏到无法修复的地步。随着中年的到来，身体的变化和发展往往令人沮丧，可能还会引起相当的焦虑。皱纹、胃下垂、乳房下垂、关节疼痛——所有这些每天都在提醒人终有一死。之后是或长或短、无法回避的老年，通常认为老年期从70多岁开始。到21世纪，人们活到100岁甚至120岁将变得稀松平常。身体在这一时期加速衰退。整个生命周期中，身体不断生长、成熟、老化、衰退。生理的生长和衰败主要受基因程式的支配，在荣格的心灵理论中，基因程式与原型模式相互作用。生命的每一个阶段都有一套塑造心理态度、行为和动机的原型意象支撑。例如，婴儿来到这个世界时，就准备好了扮演自己的角色，通过咿咿呀呀、微笑、吮吸等方式来展现可爱，使照顾者身上形成适合的养育态度和行为。与此同时（如果一切顺利的话），母亲已经准备好承担抚育和喂养婴儿的角色。母婴组合描述了人类幻想和人际交往的一种原型模式，这种模式是原始的，具有重要的生存价值。在生命的每一个阶段，都有这样的本能和原型聚合，从而导致了一定行为、情感及心理模式的形成。

心理的生命周期

荣格是第一个提出心理生命周期的理论家。与那些认为心理和性格发展的最重要特征形成于婴幼儿期时、之后就没有什么重要发展的人不同，荣格认为心理发展是持续的，进一步发展的机会是任何年龄的人都可以选择的，包括中年和老年。这并不是说他弱化了早期发展，当然他也非常重视人格的遗传特征和倾向，但人格的充分表达和呈现需要整个一生来展开。自性（自我）是在荣格和埃里克·埃里克森（Erik Erikson）等其他理论家所描述的许多发展阶段中逐步显现的。

对荣格来说，心理发展在某种程度上遵循生理发展的轨迹。它可以分为前半生和后半生。在一篇名为《生命的阶段》的短文中，他用太阳在早晨升起，中午当空，下午开始下降，最后在傍晚落下的意象，来描述这种发展轨迹。[1]这或多或少与身体的模式对应，但荣格补充说，两者也有重要区别，特别是在生命的后半段。一开始，随着婴儿的自我从无意识水域中浮现出来，意识就像黎明一样升起，它的成长、扩张、日益增加的复杂性和力量与身体的成长发展相吻合。随着身体的成长，大脑的成熟，学习能力的发展和扩展，自我也在发展它的力量和能力。第一步是将个人身体与周围世界的物体区分开来。这与从内在无意识母体中的分离同时进行。世界不再只是粗暴投射的接受者，而是变得更加真实和具体。个人开始区分事物，观察到差异，而且快速发展出作为独立实体运作的能力。他们开始作为个体行事，有能力在合理的程度上控制自己和环境，并按照社会行为标准的要求控制情感和思想的流动。自我学会了自然自发地操纵环境，以便在周遭文化中生存下来，并获得个人利益。它发展出了人格面具。健康儿童和年轻人的自我忙于学习如何在出生环境提供的条件下自力更生、自我支持，以便建立自己的世界。适应是基于原型意象、母婴一体以及后来的分离和征服的英雄模式，且在任何情况下都会发生。如果一切顺利，最终人们能够摆脱对原生家庭的依赖，进行生物繁衍，并在自己创造的养育环境中抚养子女，以及在所处社会的成人世界中发挥作用。他们在内心深处形成了基于原型潜能和类型学倾向的自我结构和人格面具。人生前半段的主要任务是发展自我和人格面具，以实现个人生存、文化适应和抚养孩子的责任。

如何完成这一任务以及怎样具体地表现在很大程度上取决于一个人出生的家庭、社会阶层、文化和历史时期。这些因素将影响男人和女人、富人和穷人、东方和西方个体发展差异的许多细节，同时也在一定程度上决定了承担某种角色和责任的时机。然而，具有普遍性的是，每种文化都期望并要求年轻人实现自我发展和适应。英雄意象在所有文化中都被奉为理想。英雄是一个男人应该效仿和崇拜的，是实现了自我发展的人的理想意象；女英雄则为女性提供了这种模式的意象。在一些社会中，出于实际目的，自我和人格面具的发展在青春期结束之时就已完成，而在另一些社会中（如现代社会，因为有冗长的教育要求），这一发展目标可能要到中年才能完成。

自性化

荣格用“自性化”一词来谈论心理发展，他将其定义为：成为一个统一但又独特的人，一个不可分割的、完整的个体。自性化不仅包括在人生前半段已经理想地完成的任务，即自我和人格面具的发展。在这一切完成后，另一项任务开始出现，因为自我和人格面具的发展将大量心理材料排除在意识之外。阴影还没有整合，阿尼玛和阿尼姆斯依然属于无意识，虽然自性已经在幕后发挥作用，但几乎还未露出真容。现在的问题是，一个人如何才能实现更广泛意义上的心理统一，将人格的意识和无意识方面整合起来？自性化的任务有可能失败。一个人可能在垂暮之年，依旧是分裂的、未整合的、内在具有多重性，并且仍然被认为过着一种社会和集体意义上的成功生活，尽管这很肤浅。虽然毫无疑问，心理发展有强烈的内在冲动支持，但意识层面上的深层内在统一其实是一种难得的成就：荣格所说的自性化驱动力，主要不是一种生理上的需要，而是心理上的需要。我稍后将解释其机制。

在此，我想对那些将荣格与其他心理学理论家进行比较的读者提出忠告。我们应该小心，不要把荣格的自性化概念与其他心理学理论中类似这一术语的概念混淆。比如将荣格的自性概念与其他作家的自我概念相比较。在玛格丽特·马勒（Margaret Mahler）的作品中，作者极其强调她称之为“分离/个体化”的过程。孩子从两岁左右开始通过说“不”与母亲分离。这种转变是心理个体自然发展过程的一部分，它自发地进行，同时也促进了自我的发展。它以原型为基础，可能与英雄原型模式或类似情况的初次出现有关。在荣格看来，这是终身自性化的一个方面，但肯定不是全部。这个朝分离发展的动向，目的是创造一个心理情境，以便随后可以深入意识，最后达到整个人格的整合和统一。对马勒而言，分离本身并不是目的，只是一个中途站。而对荣格来说，自性化本身就是目的。

无论是在生命的前半段还是后半段，自性化发生的心理机制就是荣格所说的“补偿”（compensation）。意识和无意识之间的基本关系是补偿性的。自我在无意识中成长——受一种强大的要与周围世界分离，以便更有效适应周边环境的本能驱动——导致自我意识与它的源头，即无意识母体分离。自我倾向于变得片面和过分自我。正如我们所看到的，这是基于英雄的原型模式。这种情况发生时，无意识通常在梦中开始对这种片面性进行补偿。补偿的功能是使心理系统达到平衡。这些补偿完全因为当前的情境而生，而它们出现的时机则受意识正在做或没有做的事情，以及自我意识的片面态度和发展严格控制。但是，随着时间的推移，这些微小的日常补偿累积成模式，为朝向完整性（荣格称之为自性化）的螺旋发展奠定了基础。荣格发现，这种情况在一些长期的系列梦境中特别明显，“这些明显独立的补偿行为为自己安排了一个计划。它们似乎团结在一起，在最深层的意义上服从于一个共同目标。……我把这种在长长的系列梦中，以象征的形式自发表达自己的无意识过程称为自性化过程”。[2]我们也可以将这个同样的规则应用于心理发展。无意识在一生中以各种方式补偿自我意识——如通过口误、遗忘或奇迹般的启示，或者安排意外事故、灾难、风流韵事和天降横财；以及通过产生鼓舞人心的想法和引发灾难的轻率念头，等等。在荣格称为自性化的终身发展中，驱动力就是自性，它在个体意识生命中出现的机制是补偿。这在生命的前半生和后半生皆如此。

不过，后半生与前半生发生的变化不同。在自性化第二阶段，重点不是将自我从其背景和对环境的认同中分离出来，而是将整个人格统一。荣格有时说“回到母亲的怀抱”，其实是一种比喻，表明自我发展在中年达到高潮时，继续追求相同的旧目标就没有更深入的意义了。事实上，一些已经实现的目标，现在被质疑是否能被作为最终的价值，这便会导致对已经实现的目标和深层次的意义进行重新评估。[3]生活中还有比在这个世界上以坚实的、结构良好的自我和人格面具谋生更重要的事情。“去过，做过”是对中年人心态的综合写照。现在又该如何呢？意义在别处，心理能量已经改弦更张。此时的任务是将自我与无意识统一起来，其中包含了人未曾经历的生活和未实现的潜能。这种后半生的发展就是典型的荣格意义上的自性化——成为你已经潜在成为的更深刻、更有意识的个体。这需要象征的强大力量，它能提升并使那些被遮挡在视野之外的无意识内容有可用之处。自我无法通过自己的努力实现人格的更大统一，它需要天使的协助。

与弗洛伊德决裂后，荣格并没有花太多时间思考前半生的问题。他主要对《自性化过程研究》（*A Study in the Process of*

Individuation）一文描述的53岁女性这样的人群感兴趣。[4]他的病人大都是这种类型的成年人。这些人没有严重的精神疾病，不需要去医院或进行医学治疗，已经过了生命的早期阶段，他们来找荣格是为了追求内在的进一步发展的智慧与指引。其中有些人得了神经症，也需要心理帮助，但他们不是典型的精神病患者。事实上，荣格更喜欢与那些已经建立了自我，过了生育期，并且前半生已经得到发展的人一起工作。现在是自性化过程第二个重要阶段的发展机会，也就是自性更明确地出现在意识中。荣格用以帮助他们完成这个复杂任务的方法被统称为荣格学派的心理分析。

成年期和老年期的心理变化发展在某些方面比生命前半段更加微妙。一个人必须非常仔细地观察，并在深层次上进行感知。有时也没有什么可观察的，因为发展太细微了。例如，我儿时好朋友的父亲已经89岁了，距我上次见到他已经过了30年。他明显老了，显然快走到生命的尽头。不过，尽管身体发生了很大变化，他的人格面具、幽默感和个性似乎还是如此，还是像以前一样让人熟悉。这么多年后再次相见，我立刻认出了他。就我所看到和体会到的而言，他的人格与以前一般无二。虽然精力可能大不如前，但他仍能鼓起勇气，兴致勃勃谈论喜欢的最新款汽车。虽然身体年迈虚弱了，但他多少还是原来那个人。

在50岁之后的成年旅程中，他的心灵是否还有任何发展？他的态度有变化吗？我对他的了解有多深？我们认识的时候我还是个孩子，之后对他就没有更多了解了，所以我对他的看法是从孩子的视角出发的。我知道他的人格面具，仅此而已。从表面上看，他的人格面具完好无损。但正如我们所知，心灵中有很多内容比人格面具更重要。如果人格面具没改变，还会有更深层次的改变吗？

这种变化是如此微妙，如果不进行深入解读和探究，我们是否就无法看到？也许他的意识比我很久以前认识他的时候有了很大发展，只是我并未察觉。荣格反对将心理轨迹与生理轨迹等同，生理轨迹只在年老时显示出衰退。是否有比生理上的衰退更重要，并显示出不同模式的心理补偿？

意识的5个阶段

要了解后半生意识的发展，我们可以使用一些通用的衡量标准。荣格描述了意识发展的5个阶段，[5]我将对此稍加总结和扩展。我们可以用这些标准来测量和评估儿童以及成年人晚年的意识发展。

第一阶段以神秘参与为特征，这个术语源自法国人类学家列维·布留尔（Lévy-Bruhl），指的是个人意识和周围世界之间的认同，而又不知道自己处于这种状态；意识和个人所认同的客体神秘地合二为一。当事人既缺乏对自身与其直觉之间差异的觉察，对自身与所关注的客体对象的差异也浑然不知。在某种程度上，人的一生都处于这种神秘参与状态。例如，许多人以这种方式认同他们的汽车，从而在车身上体验到自己各种各样的情感。汽车出现问题时，它的主人也会感到不舒服，感冒、胃痛。我们在不知不觉中与周围的世界结合在一起。这就是荣格所说的神秘参与。

至少在生命之初，大多数人都是通过建立在认同、心力内投和投射基础上的神秘参与而和家庭连接在一起的。这些术语描述的是同一件事：内部和外部内容的融合。婴儿一开始确实不能区分自己和母亲的边界在哪里，他们的世界是高度统一的。从这个意义上说，意识的第一个阶段就预示着最后一个阶段：各部分最终统一为一个整体。不过，在开始时，它是无意识的整体，而在结束时，这种整体的感觉是有意识的。

在意识的第二个阶段，投射变得更加局部化，更加集中。经过第一阶段散漫随意的投射之后，意识中开始出现某些自己/他人的区别。婴儿开始察觉到自己的身体与外界物体发生接触的地方，并开始观察事物，认识到自己和他人之间以及周围世界中各种物体之间的区别。慢慢地，这种自己与他人、内在与外在之间的区别会增加和加深。如果能较好地区分主体和客体，觉察到自己和他者明显截然不同时，投射和神秘参与就会发生变化。这并不意味着婴儿已经克服了投射，它只是变得更加局部化，转而集中在少数客体，而不是整个广阔的世界。显然，世界上有些客体比其他客体更重要、更有趣，因为它们承载了投射，是力比多能量的接受者。母亲、最喜欢的玩具、亮晶晶的动来动去的物体、宠物、父亲，还有其他一些人都被单独挑出来，成为特别的、与众不同的客体。随着意识的发展，分化产生了，投射开始固定在特定的人物身上。既然投射总是落在未知的地方，世界就提供了大量的机会让人们在一生中不断地投射。

父母是早期投射的主要载体，孩子会不自觉地将全能全知投射到父母身上。这就是荣格所说的原型投射。父母成了神，被赋予人们认为本属于神的力量。“爸爸什么都能做！他是世界上最强大的人！”“妈妈无所不知，能创造奇迹。她也无条件地爱我！”原来父母不是什么都知道，也不是神仙，这种令人震惊的认识通常发生在青少年时期，接下来会有一段时间，父母又变得一无所知（这是另一种投射）。我们还投射到兄弟姐妹身上：这是兄弟姐妹之间竞争，也是家庭中有时产生恶性竞争和邪恶动力的根源。教师和学校也收到许多投射。事实上，在意识的第二阶段，环境中的许多人物都成为我们投射的载体。这使得他人和机构可以强有力地塑造我们的意识，将他们的知识和意见灌输给我们，并逐渐用集体意见、观点和价值观取代我们自己的个人经验。这就是发生在童年和青少年时期的文化适应和调整过程。

恋爱和结婚通常是基于大量的阿尼玛和阿尼姆斯投射，并直接走向生儿育女，在此期间，孩子被投射为圣子。就像第一阶段一样，没有人能完全抛开第二阶段。只要一个人还有所迷恋，能够感受到冒险和浪漫的刺激，能够为了一个强有力的信念铤而走险，他就会继续在具体物体上进行投射。对许多人来说，意识的发展到此为止。这些人继续将心灵的积极和消极特征大量投射到周边世界，并对心灵的意象和能量做出反应，好像这些意象和能量是在外部客体和人身上一样。

当新阶段的认知发展到抽象阶段，使个人可以相对不受具象的限制时，意识发展就会继续下去，个人就会认识到特定的投射载体与投射并不完全相同。投射载体因此得以从投射的幕后走出来，他们身上的理想化色彩也被去除。在这个阶段，世界失去了天真烂漫的魔力。被投射的心理内容变得抽象起来，表现为象征和意识形态。全知全能不再属于人类，而是投射到诸如上帝、命运和真理等抽象实体上。哲学和神学成为可能。至高无上的价值观具有了曾经属于父母和老师的神圣力量。原型投射给予了律法、启示或教义，具体的日常世界相对不再受投射影响，可以作为客观的对象进行互动。意识达到这一阶段时，个人便不再那么恐惧邪恶的敌人和力量了。一个人无须害怕人类的敌人的报复，因为上帝主宰着一切。或者人们可以理性地操纵和控制世界，因为世界遵循自然规律，也没有鬼魂和恶魔，他们可能不喜欢这里的高速公路或那里的居所。一个人似乎不大可能不断地走近自己，去直接感受到自己对客体造成的痛苦。

当自体/客体的二分达到这一程度时，对世间万物遭受痛苦和对自然世界遭受破坏引起的自发共情反应就会在相当大程度上减少。对很多人来说，这似乎并不是进步，而是意识的衰退。必须认识到，在早期发展阶段表现出来的共情反应主要是基于投射，与是否客观评价发生在客体身上的事件并无多大联系。当投射脱离了世上的具体对象时，有远见的政治领袖和有魅力的思想家就会通过概念中的各种投射创造出抽象的思想、价值或意识形态，这些概念显示了在他们的认知中什么是最高价值和最大利益。以这些价值观为基础，人们发展出一套“必须”和“应该”，来取代意识较弱的人与世界之间自然、自发的情感关系。个人拥有了基于责任的条律，来代替建立在神秘参与投射基础上的无意识同理心。例如，一个人在生态环境方面做正确的事情，不是出于情感，而是出于责任，不是因为对自然界的破坏感到痛苦，而是因为有道德上的要求，要把垃圾分类，要少烧燃料。

在意识的第三阶段——我相信我朋友的父亲达到了这一阶段，因为他是一个传统意义上的宗教人士——仍然存在着无意识材料的投射。但这并不是投射在人和事上，而是投射在原则、符号和教义上。当然，从具体意义上讲，这些投射仍可看作是“真实的”。上帝确实存在于某个地方，他或她是一个独特的人格，等等。只要一个人相信真正的上帝会在来世惩罚或奖励他，就表明他进入了意识的第三阶段。投射只是从父母转移到了一个更抽象的神话人物上。

第四阶段代表了投射的彻底消亡，哪怕是神学和意识形态等抽象形式的投射也是如此。这种消亡产生了一个“空洞的中心”，荣格将其与现代性相提并论。这就是那个“寻找灵魂的现代人”。[6]功利和实用主义价值观取代了灵魂的意义——即生命、不朽、神圣起源和“内在上帝”的宏伟意义和目的。“这有用吗？”成为人们最关心的问题。人类将自己看作一台巨大社会经济机器中的齿轮，他们对意义的期待缩小到可以一口吃掉的大小。人们满足于片刻的欢愉和欲望的满足。否则就会变得很沮丧！神灵不再居住于天堂，魔鬼变成了心理症状和大脑的化学失衡。世界失去了心灵内容的投射。不再有英雄，也不再有恶棍——人类变得现实起来。原则只是相对有效，价值观被视为源自文化的规范和期望。一切文化似乎都是人造的，没有内在意义。自然和历史被看成偶然和客观力量随机发挥的产物，这就是现代人的态度和情感基调：世俗的、无神论的，或许还有点人文主义。现代人的价值观似乎被各种条件、“也许”和“不确定”的因素限制了。现代的立场是相对性的。

在意识的第四阶段，看起来似乎心灵的投射已经完全消失了。不过，荣格指出，这无疑是一个错误的假设。实际上，先前投射到他者、客体和抽象概念上的内容被赋予自我本身。现代人的自我急剧膨胀，并占据着一个全能上帝般的神秘地位。现在，自我，而不是律法或教义接收了各种好的和坏的投射。自我成为对错、真假、美丑的唯一裁判。再也没有超越自我之外的权威。意义不可能在别处发现，必须由自我创造。上帝不在外面了，我就是上帝！现代人看起来理性现实，但实际上已经疯了。不过这是一个隐藏的、连自己都不知道的秘密。

荣格认为第四阶段是一种极其危险的状态。原因很明显，一个膨胀的自我不能很好地适应环境，因此容易在判断中犯下灾难性的错误。尽管这在个人甚至文化意义上是意识的进步，但这是危险的，因为有可能出现自大狂。没有什么是不可能的！如果我想这样做，并且可以逃脱惩罚，就肯定没问题。自我对阴影的诱惑没有丝毫免疫，很容易沉溺于阴影的权力和完全控制世界的欲望之中。这就是尼采的超人，这种狂妄反映在20世纪的各种社会和政治灾难中。在陀思妥耶夫斯基的《罪与罚》中，主人公拉斯柯尔尼科夫已经预示了这一点，我们看到一个人杀死一个老妇人，只为了了解这是种什么感觉。第四阶段的人不再受与人或价值观有关的社会习俗的控制。因此，自我可以考虑行动的无限可能。这并不意味着所有的现代人都是反社会的，但这种可能性的大门是敞开的。最糟糕的情况可能是那些看起来最通情达理的人——那些“最好的、最聪明的人”，他们认为自己可以算计出所有政策和道德问题的答案。

荣格开玩笑说，在大街上会遇到处于不同发展阶段的人——尼安德特人、中世纪人、现代人，以及所有处于你能想到的意识发展水平的人。生活在20世纪并不表示个人的意识发展就会自动到达现代性的地位，并不是每个人都会进入第四阶段。事实上，很多人无法忍受第四阶段的要求。有些人认为它是邪恶的。“原教旨主义”

坚持并固守在第二和第三阶段，因为他们害怕第四阶段的腐蚀作用，以及随之而来的绝望和空虚。但是，当投射消亡到这种程度，个人对自己的命运承担起责任时，这才是真正的心理成就。不过，这里的陷阱是心灵得隐藏在自我的阴影之中。

意识发展的前四个阶段与自我发展和前半生有关。具备第四阶段的自我批判和反思的自我特征，又没有陷入自大膨胀的人，在意识发展方面做得非常好，荣格评估他们是高度进化的。荣格将后半生的进一步发展留给了第五阶段，即后现代阶段，这与意识和无意识的再统一有关。在这一阶段，人们意识到自我的局限性，发觉了无意识的力量，意识和无意识之间某种形式的结合，通过荣格所谓的超越功能和统一性象征而成为可能。心灵变得统一了，但与第一阶段不同的是，包含在意识中的各个部分，仍然是有区别的。与第四阶段不同，自我并没有认同原型：原型意象仍然是“他者”，但它们并没有隐藏在自我的阴影中。此时的原型意象“在内”，不像在第三阶段那样具体存在于“外部”某个形而上的空间中，它们并没有投射于外。

“后现代”这个说法是我提的，不是荣格。他的第五个意识阶段不是艺术和文学批评中使用的“后现代”一词的意义，而是超越和取代“现代”这个阶段的意思。它超越了看透一切，不相信心灵真实性的现代自我。现代立场秉持“不过如此”的态度，相信投射已经消亡，一切皆缥缈如烟，如镜花水月，没有任何意义。后现代的态度认为，投射中存在着心灵现实，而不是具体或物质意义上的现实。如果我们在树林里听到许多声音，也许外面真的有什么东西。虽然不一定是我们想的那样，但也是某种真实的东西。我们能观察它吗？能凭直觉知道它吗？能想象得到它吗？于是，心灵本身成为审视和反思的对象。如何在我们的观察中捕捉到它？我们在行动的时候，该如何与之联系起来？这些都是后现代的议题。因此，荣格试图在《心理类型》（他称之为“批判心理学”）中阐明一种合适的认识论，旨在为将心灵作为一个独立的实体来研究而奠定基础。他的积极想象和释梦技术有助于与心灵直接互动，从而形成一种有意识的关系。通过这种方式，他锻造了一套工具，以后现代的、有意识的方式与生活联系起来，并对原始和传统民族在其神话和神学中发现的相同内容，婴幼儿投射到父母、玩具和游戏中的内容，以及极度疯癫的精神病患在他们的幻觉和幻象中看到的内容，都采取尊重的立场。这些内容对我们所有人来说都是共同的，它们构成了心灵最深处、最原始的层面，即集体无意识。接近原型意象，有意识地、创造性地把它们联系起来，就成为自性化的核心，也构成了意识第五阶段的任务。意识的这个阶段在自性化过程中产生了另一种运动。自我和无意识通过象征联系起来。

虽然荣格在一些地方表示，他考虑过意识在第五阶段之后的进一步发展，但官方版本在意识发展到第五阶段就停止了。他在著作中有一些关于第六甚至第七阶段的建议。例如，在1932年举办的拙火瑜伽研讨会上，[7]荣格清楚地认识到，东方达到的意识状态远远超过西方所知。虽然他怀疑在可预见的未来，西方人是否能到达类似的意识阶段，但还是承认了这样做的理论可能性，甚至描述了这些阶段可能具有的一些特征。拙火瑜伽揭示的意识类型可以被认为是潜在的第七阶段。

退一步说，有一种意识对西方来说更容易理解，它处于第五阶段和假定的第七阶段之间的某个位置。荣格后来在共时性背景下探索原型结构和功能时提出，也许这些明显的内在结构与非心灵世界存在的结构相对应。我将在第九章中详细讨论这个主题，但目前足以说明，意识的第六阶段可能是一个考虑到心灵和世界之间存在着更广泛的生态关系的阶段。对于从根本上受物质主义态度制约的西方人来说，这是可能的一种发展选择。可以将第六阶段看作是心灵和物质世界统一的意识状态。然而，荣格在探索这些领域时是谨慎的，因为他显然是从西方所知的心理学进入了物理学、宇宙学和形而上学，他觉得自己在这些方面的学识和能力还不能胜任。尽管如此，他的思考还是引导他一步一步向那个方向前进，我们不得不承认，他表现出了跟随自己直觉的勇气。他与沃尔夫冈·泡利等现代物理学家的对话，与泡利一起出版的一本书，[8]都在试图找出心灵和物理世界之间的关联和对应关系。

荣格在《精灵墨丘利》（*The Spirit Mercurius*）一书中有两段话简要提到了上述意识发展的五个阶段。[9]我使用他的作品中的其他资料，对此进行了扩展。自性化主题出现在荣格1910年以后的作品中，这是他持续关注的一个点，且随着他对心灵结构和动力的研究而加深。1958年，也就是在他86岁去世之前3年发表“心理学的良心观”（*A Psychological View of Conscience*）时，这个问题仍然萦绕在他的脑海之中。[10]他写的每一篇文章几乎都以这样或那样的方式触及了自性化主题。在本章的剩余部分，我将重点讨论两篇有关这个主题的经典文章，分别是“意识、无意识和自性化”（*Conscious, Unconscious, and Individuation*）[11]和“自性化过程研究”（*A Study in the Process of Individuation*）。[12]

在“意识、无意识和自性化”一文中，荣格对“自性化”一词的含义进行了简要总结。他首先说这是一个人成为心理个体的过程，也就是成为一个独立、不可分割的意识统一体，一个独特的整体的过程。我在前文已解释了其中一些含义，为了达成荣格所说的最终整体，首先需要统一自我意识，然后统一心灵系统中的整个意识和无意识的过程。整体性是描述自性化过程之目标的主要术语，是自性原型在心理生活中的表达。

荣格指出，进入无意识的途径最初是通过情绪和情感。活跃的情结用情感扰乱自我来彰显自己。这是来自无意识的补偿，为成长提供了潜力。他继续说，这些情感干扰最终可以在本能中追溯到原始根源，但它们也可以预示未来的意象。荣格提出了朝向一个目标运动的终极观点。为了达成整体性，必须使意识/无意识系统联系起来。“心灵由两个不可调和的部分共同组成一个整体。”[13]之后他提出了统一心灵不同部分的实用方法。

荣格指的是我在前文描述过的处于第四阶段的西方人，他们“相信自我意识和我们所说的真实。北方的气候在某种程度上是如此真实可信，以至于我们在记起时，会感觉良好。对我们来说，关注真实的现实是有意义的。因此，我们欧洲人的自我意识倾向于吞噬无意识，如果行不通，我们就试图压抑它。但如果了解了无意识，就会知道它是不能被吞噬的。我们也知道压抑无意识是危险的，因为无意识就是生活，如果被压抑，生活就会和我们作对，就像神经症中发生的那样”。[14]神经症是基于一边倒的内部冲突：无意识被压抑，导致一个人最终陷入能量的僵局。由于能量都被用于如此狭窄的活动范围和防御封闭的无意识，生活中许多获得完整性和满足感的可能性被剥夺了。一个人往往会变得非常孤立，生活变得毫无生气，甚至进入停滞状态。“当意识和无意识中的一方受到另一方的压制和伤害时，就不能成为一个整体。如果两者必须斗争，至少要让它是一场权利平等的公平斗争。两者都是生活的不同方面。意识应该捍卫自己的理性并保护自己，无意识中的混乱生活也应该给予机会任其随心所欲——只要我们能够忍受。这意味着公开的冲突与合作并存。显然，这就是人类生活该有的方式。这是一种古老的锤砧游戏：在这两者之间，病人这块顽铁被锻造成一个坚不可摧的整体，一个不可分离的‘个体’。”[15]

在锤子和砧板之间锻造出一个坚不可摧的整体！这个生动的意象说明了荣格所理解的自性化过程的本质。从根本上说，这不是一个安静的孵化和成长过程，而是涉及对立面之间的激烈冲突。例如，面对人格面具与阴影、自我与阿尼玛之间的冲突时，人们获得的是“勇气”，即通过意识与无意识的相遇（荣格在德语中称之为Auseinandersetzunq）的体验所获得的知识。“这大概就是我所说的自性化过程。顾名思义，它是源自两种基本心理事实（意识和无意识）之间的冲突而产生的发展过程。”[16]

自性化个案研究

在第二篇文章“自性化过程研究”中，荣格为后半生早期阶段的自性化提供了更多具体细节。在这项研究中，他描述了一位55岁的女病人，从国外搬回欧洲后和他一起工作。这是一个“父亲的女儿”，有很高的文化和教育水平，未婚。“不过（她）与相当于伴侣——即阿尼姆斯——的无意识生活在一起，……这种情况常见于受过学术教育的女性中。”[17]荣格在这里谈的是一个现代女性。对他来说，这显然是一个引人入胜且具有启发意义的案例。这不是一个需要在后半生发展智力和精神方面（阿尼姆斯的发展）的传统母亲和家庭主妇，荣格认为这通常是女性自性化的路径。相反，这位女性拥有非常强势的理智发展与职业生涯，但她认同的是男性身份，现在，她正寻求获得她的那位斯堪的纳维亚母亲及其祖国的一些东西。对她来说，这是无意识发生的，她想接触自己人格中的女性一面。

实际上，接下来的几年里，有许多这种类型的女性继续来找荣格接受治疗。这个病人和今天的许多女性一样，她们把教育放在成家和生儿育女之前，然后追求事业，生育成了一个逐渐消失的海市蜃楼。不过，在1928年的时候，这仍然是一个相当不寻常的女人。

这位病人开始不停地画画。她并没受过绘画训练，这对分析来说是一个有利因素，因为这样可以让无意识以更直接和自发的方式表达自己。这位病人说，她的眼睛想做一件事，她的脑袋却想做另一件事，她让眼睛随心所欲，这表明新出现的意识中心有自己的意志，想这样而不是那样做，她可以允许这种情况发生。“让它发生”（Geschenlassen）是捕捉正在发挥作用的无意识的一种方式。荣格没有主动解释这些绘画的心理意义，而是鼓励她按照无意识的要求“让它发生”来参与这个过程。很多时候，荣格甚至不明白这些画除了表面的内容还表达了什么。他只是鼓励她坚持下去。渐渐地，一个故事浮出水面，逐步展开，并有所发展，在合适的时机呈现出它的目的。

第1幅画[18]显示的是病人最初的情况：它描述了心理和发展受阻的状况。一个身体嵌在岩石中的女人，挣扎着想要获得自由。这是病人开始进行心理分析时的情形。第2幅画描绘了一道闪电击中岩石，将一块圆形的石头从其他石头中分离出来。这块石头代表了女人的核心（自性）。荣格评论说，这幅画代表自性从无意识中释放，"闪电将球形从岩石中释放出来，带来了一种解放。"[19]病人将闪电与她的分析师联系起来，这种移情已经开始对她的人格产生深刻影响。在这个戏剧化的过程中，闪电代表了荣格，同时也是她自己人格中负责撞击和授精的男性元素。荣格注意到了这个意象的性暗示意味。

荣格在后文中说自己是病人的劣势功能，即直觉的投射载体："劣势功能……（具有）释放或救赎的意义。我们从经验中知道，劣势功能总是在补偿、补充和平衡优势功能。我的心理特质使我成为一个适合她的投射载体。"[20]作为病人的投射载体，荣格的话语和存在成为病人意识的补偿，也极大地强化了它们的力量和效力。她把荣格看作是一个直觉天才，一个知晓一切的人。这是强烈的移情对病人的典型影响。于是，荣格的直觉像闪电一样击中了病人，对她产生了如此深刻的影响。因为这也是病人的劣势功能，"它像闪电一样出乎意料地击中了意识，偶尔会带来毁灭性的后果。它把自我推到一边，为一个超然因素，即个人的整体性腾出空间"。[21]

因此，这幅画代表了自我被推到一边，自性第一次出现了。破碎的岩石代表的不是她的自我，而是自性。闪电释放了她一直囚禁在无意识中的整体性潜能。"自性是一直存在的，只不过在沉睡中。”[22]这个女人非凡的自我发展已经把自性抛在了身后，她卡在了人格面具适应，以及对父亲情结和阿尼姆斯的认同中，这就是她绘画中的“岩石”。她需要从这些认同中解脱出来。自性化过程的核心是与自性接触并与之建立更紧密的联系，这种可能性必须从无意识中释放出来，在这个个案里是通过疗愈性的闪电来实现的。荣格说移情是治疗成功的关键，这一点不无道理。

荣格在评论第3幅画，也是这一系列中的关键一幅之前，顺便说道，“第3幅画……带来的主题明确地指向炼金术，这实际上给我提供了决定性的动机去彻底研究那些古老炼金术士们的作品”。[23]这是一个值得注意的表述，因为荣格余生花了大量时间，以极大的深度和强度研究炼金术。第三幅画描绘了“一个诞生的时刻，不是梦者的诞生，而是自性的诞生”。[24]画面是一个在太空中自由漂浮的深蓝色球体，一个“正在形成中的星球”。[25]这是病人所说的她的“真实人格”的出现，她在画这幅画时感觉已经到达了生命的顶点，这是一个伟大的解放时刻。[26]荣格将此与自性的诞生联系起来，[27]并指出病人处于有意识地实现自性的时刻，此时“解放已成为一个整合到意识中的事实”。[28]

第4幅画的球体发生了显著的变化，分化出了“一个外膜和一个内核”。[29]在早期图画中漂浮在球体上方的蛇，现在穿透了球体并使它怀孕。第4幅画是关于授精的，使用了或多或少露骨的性意象。病人已经把自己的男性身份认同放在一旁，敞开自己，走向新的身份认同。当这位病人和荣格解释这幅画时，也出现了一些非个人化的意味：自我必须“放手”，以便扩展视野将整个人格的积极和消极面都包括进来（阴影整合）。蛇和球体的结合代表了病人心灵中对立面的结合。荣格回避了在这里很容易做出的具体的性移情解释，因为这会导致性还原主义，而且也不能推进自性化过程。病人在这里经受的痛苦正是放下个人化的解释，即她对荣格本人的性欲，认识到她并没有爱上在心理上已经变得如此亲密的分析师，而是觉察到自性化过程的原型层面已经被激活，并已在他们的个人关系之外发挥作用。这是自性通过这个意象在工作。

这一系列绘画现在更深入详细地描绘了阴影的问题和善恶的整合。在第5幅画中，邪恶遭到排斥，蛇被置于球体之外。第6幅画尝试将内外对立统一起来，这是一种有意识地实现的运动。第7幅画显示了抑郁和某种随之而来的进一步的意识。第8幅画非常重要，它阐释了朝向大地，即母亲和女性的运动。这就是这个女人来到欧洲的目的；她正努力与自己女性化的一面保持紧密联系。第9幅画再次展示了她在善恶对立统一中的斗争。在第10幅画中，对立面是平衡的，但第一次出现了癌症意象（事实上，她16年后死于癌症）。第11幅画表明，外部世界日益增长的重要性开始让曼荼罗的价值蒙上阴影。从这里开始，曼荼罗主题以许多不同的变形重复着，每一个都试图进一步整合和表达自性。该系列最初共19幅画，但在治疗结束后，这名女子又坚持了10年，最终结束在第24幅。第24幅画是一朵有着黄色花蕊的美丽的白莲花，放置在一个金色的圆圈中，背景是纯黑色。荷花上方有一颗金色的星星。荷花以绿叶为床，叶下面似乎是两条金蛇。这个本我非常华丽的意象，不仅被全面展现出来，而且得以充分实现。荣格拒绝对第19幅画之后的图画进行评论，但它们本身就说明了在分析期间和之后，所发现和体验到的自性的进一步深化和巩固。

荣格对这个个案的结论是：在分析中，这个女性处于强烈的自性化过程的早期。她在这个过程中体验到了永难忘怀的自性进入意识的过程，在随后数周以及数月里，她努力整合自己心灵母体中的对立面。她摆脱了对阿尼姆斯的认同，并与自己的女性核心重新结合。相比于自性，自我在这里变得相对化，她能够体验到非个人的原型心灵。这些就是荣格所说的后半生自性化过程的典型特征。

自性的运动

最后再就自性化这个主题稍加赘言。荣格的自性观既是结构性的又是动态的。在前一章中，我主要关注了它的结构性特征。但当我们考虑自性化过程时，它的突出特征是其动态性。荣格认为自性在一生中会经历持续不断的转换。从出生到老年的发展过程中出现的每一个原型形象——圣婴、英雄、永恒少年和永恒少女、国王和王后、智慧老人——都是这一原型的不同方面或表达方式。在整个发展过程中，自性影响心灵，并在身体、心理和灵性的各个层面上引发个体的变化。自性化过程由自性驱动，通过补偿机制实现。虽然这个过程并不由自我产生或控制，但它可能因觉察到这个过程而参与其中。

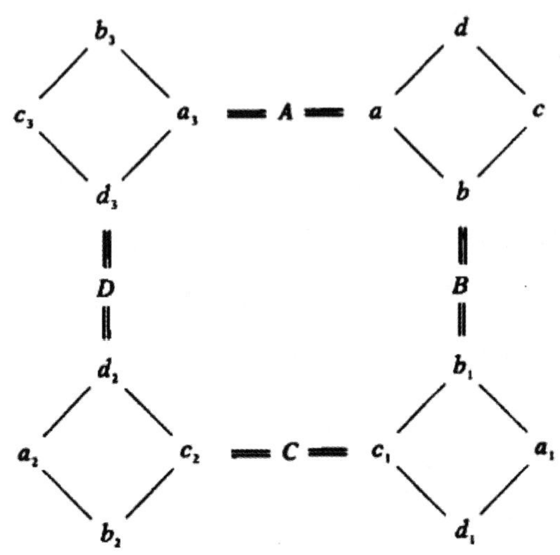

在其晚年作品《爱翁》的结尾，荣格展示了一张图来说明自性的动态运动。这幅图看起来像碳原子，代表了在个人心理生活连续背景下，自性这个单一实体的转换公式。在这张图中，荣格试图描绘自性从纯粹潜能到实现的运动。“我们的公式描述了将最初的无意识整体转换为有意识整体的过程。”[30]由于它描述的是同一物质的持续转换过程，所以这既是一个转换和更新的过程，也是一个通向意识的运动。

这个运动从A四元组开始，A代表了原型层面，即心理谱系的精神端，自性在这里表现为一个理想的意象。当它在A、B、C、D四元组流动，之后又重新回到A，如此循环往复时，一个心灵内容，即原型意象进入到心灵谱系的原型端，同时在另外三个层级上的整合过程也随之发生。首先，意象围绕原型四元组的四个点旋转，然后观念变得清晰起来。接着，这个观念转移到B层级，通过一个类似于改变原子能量层级的过程，从b入口进入B级，意味着向另一个意识层级的转移。现在这个观念存在于阴影层面，在这里它进入现实以及客体可以投射阴影的日常生活中。这个观念由此获得了实体性，而统一性、全面性和整体性的观念现在必须在生活中得以践行。观念在这个心灵层面发挥作用，且必须在空间和时间上具体实现，这就引发了局限性和诸多问题。荣格说，人类的每一个行为都可以同时看作积极的或消极的，[31]一个人从思想转向行动时，他就进入了一个阴影潜能的世界。每一个行动都会引起某种反应，也会产生外部影响，所以当一个人真正开始自性化，做出使旁人开始抱怨的改变时，这个人就是在阴影四元组中运动。这个观念开始具体化，在现实行为中发挥作用，并延伸到本能层级。原型和本能在这一层面上联系起来，随着观念进入阴影四元组，它呈现出越来越多的本能和具体化特征。

这个观念在下降到C级时，到达物理层，这是身体物质基底的极深层次，身体本身开始发生变化。最初从意象开始并进入心灵的组织原则变成行为，然后触及并聚合本能，此时开始以重新排列分子的方式影响身体。这个深层的身体层次超越了心灵中类心灵的障碍。这是进化本身背后的一种驱动力。结构遵循形式而生。

到D层级，就是到达了能量级。这里是将能量结晶成物质的源头。它是能量的亚分子和亚原子层级，也是塑造能量形式的层级。触及这个层级意味着在能量本身及其组织层次上确实发生了深刻变化。

这个公式是自性的一种象征，因为自性不仅仅是一个静态

> 的量或恒定的形式，也是一个动态的过程。同样，古人也不把人心中“神”的意象仅仅看作一种印记，一种毫无生气的刻板印象，而看作是一种积极的力量……这四种转换代表在自性内部发生的复原或再生过程，就像太阳中的碳－氮循环一样，一个碳原子核捕获四个质子……在循环结束时以 α 粒子的形式释放它们。碳原子核本身是在反应中产生的，没有发生任何变化，“就像浴火的凤凰从灰烬中诞生一样”。存在的秘密，即原子及其组成部分的存在，很可能包含在一个不断重复的新生过程中，人们在试图解释原型的神圣性时，也得出了类似结论。[32]

展望下一章，我们可以把自性想象成一个在人类生命中通过心灵的循环运动而不断更新自己的宇宙实体。也许正是因为人类个体的存在，它才能意识到自己，在时空的三维世界中具现，并获得新生与延续。它存在于心理之外的宇宙中，利用我们的心理和物质世界，包括我们的身体来达到自己的目的，且在我们衰老和死亡后继续存在。我们为它提供了一个诞生和居住的家园，不过我们沉浸在个人的傲慢与自我膨胀中，对它自身的天赋和美丽过于居功自傲了。

第九章　论时间与永恒（共时性）

从最初尝试探索人类心灵并绘制它的疆域开始，荣格就被边界上发生的事情所吸引。这是他的秉性使然——喜欢在已知的边缘往前推进。他的第一项主要研究是一篇关于年轻的表妹海伦妮·普莱斯韦克通灵时的恍惚状态，以及表妹以已故人物的身份进行奇妙叙述的博士论文。这是对意识正常和超常状态之间关系的心理学调查。[1]随后的词语联想和情结理论研究了心灵意识和无意识部分之间的界限。在进一步深入无意识领域时，荣格发现了另一个边界。它位于无意识的个人内容和非个人内容之间，位于情结和原型意象与本能组合的领域之间。在对自性的后续研究中，他在心灵和非心灵的边界上发现了一个越界点。由于原型本质上属于类心灵区域，并不严格受心灵的边界所限，因此它架起了内外世界之间的桥梁，打破了主客体的二分。

最终，这份对边界的好奇心促使荣格提出一个试图包含物质和精神统一系统的理论，并在时间和永恒之间搭建起了一座桥梁。这就是共时性理论。共时性是自性理论在宇宙学中的延伸，它讲述了所有存在事物之间隐藏的秩序和统一。这一理论也揭开了荣格作为一个形而上学者的面纱，尽管这是他经常否认的。

混沌的模式

荣格关于共时性的几篇文章探讨了在看似随机的事件中包含的有意义的秩序。他注意到——正如其他人也注意到的那样——心灵意象和客观事件有时是按照明确的模式安排的，这种安排是偶然发生，而不是由先前事件的因果链造成。换句话说，这种模式的出现并没有因果关系，而是纯属偶然。那么问题来了：这个模式化的偶然事件是完全随机的还是有意义的？占卜遵循的观点是，某些偶然的事件是有意义的。某只鸟从头顶飞过，巫师告诉国王现在是征战的好时机。还有一个更复杂的例子是中国古代的卜筮书《易经》。卜筮通常用投掷铜钱或蓍草来确定与六十四卦有关的一个数字模型（卦象）。通过研究这个卦象，人们可以确定当下事件的意义，以及该事件的未来走向，人们可以从中获得启示。这种卜筮就是依据共时性原则。它假设在抛铜钱的偶然结果、某个紧迫的问题和外部事件的背后有一个有意义的秩序。求助于《易经》的人往往对其神秘的准确性感到惊讶。如何解释这些不是由已知原因造成的有意义的安排和模式呢？

有一个比较接近荣格分析心理学理论和实践的现象吸引了他的注意，即心理补偿不仅发生在梦中，也发生在心理不能控制的事件中。有时补偿来自外部世界。荣格的一个病人梦到了一只金甲虫。他们正在书房里讨论这个梦的象征时，听到了窗户旁有声音，然后发现一只这种类型的瑞士甲虫正想要进入房间。[2]从诸如此类的事例中，人们推断，梦中出现的原型意象可能与其他事件相吻合。补偿现象跨越了普遍接受的主客体之间的界限，并在客体世界中表现出来。荣格的困惑在于，如何在理论中解释这一点。严格地说，这些事件不是心理上的，但它们与心理生活有很深的联系。他得出结论，认为原型是可以越界的，[3]也就是说，它们并不局限于心灵领域。在越界时，它们可以从心灵母体内部，或者我们周围的世界，甚至同时从两方面，出现在意识中。当两者同时发生时，就称为共时性现象。

与轴心世界（即宇宙统一体）和共时性概念有关的文献散见于《荣格全集》和其他不太正式的文章（如书信）中，荣格直到晚年才充分表达出他对这个主题的想法。1952年，他和诺贝尔物理学奖得主沃尔夫冈·泡利共同出版了《自然与心灵的阐释》（*Naturerkldrunq und Psyche*），试图阐明自然与心灵之间可能的关系。值得注意的是，荣格与一位获得诺贝尔奖的科学家而不是哲学家、神学家或神话学家一起出版了这部作品。在荣格所有的理论著作中，这本关于共时性的著作受到了最严重的歪曲。荣格不希望自己被看成神秘主义者或怪人，很明显，他特别担心将这部分思想暴露在了解现代科学公众面前。泡利的文章《原型理念对开普勒科学理论表达的影响》（*The Influence of Archetype Ideas on the Expression of Scientific theory of Kepler*）探究了开普勒科学思想中的原型模式，在某种意义上为荣格更具冒险性的论文《共时性：一项非因果关系法则》（*The Synchronicity*：*An Acausal Connecting Principle*）铺平了道路。[4]这篇关于共时性的论文为荣格的心理学理论增加了一个新概念：心灵和世界之间存在着高度连续性，这种心灵意象（也包括抽象科学思想的内核，如开普勒的思想）可能在人类意识这面反光镜中揭示出关于现实的真理。心灵并不只存在于人类之中，孤立于宇宙之外。有一个心灵与世界密切接触和相互反映的维度。这就是荣格的论点。

共时性概念的发展

在给爱因斯坦的瑞士传记作家兼记者卡尔·西利格（Carl

Seelig）的一封信中，荣格写下了他对共时性的初步感知：

> 爱因斯坦教授曾是我数次宴请过的客人……那时他正处于提出相对论的初期阶段。他总试图给我们讲解这个理论的一些基本原理，他基本上成功了。我们这一群精神病学家，都不是数学家，难以理解他的观点。即便如此，我的理解仍足以让我对他产生深刻的印象。最重要的是，他作为一个天才思想家拥有的那份简单和直接，深深印在了我的脑海，并对我后来的研究工作产生了长久的影响。正是爱因斯坦让我第一次开始思考时间和空间可能的相对性，以及它们的心灵制约。30多年后，这一因素使我与物理学家泡利教授建立了联系，并促成我写作了有关心灵共时性的论文。[5]

即使荣格并不了解其中的细节或数学证明，爱因斯坦的相对论也一定激发了他的想象力。值得注意的是，著名物理学家在共时性理论的开始和结束阶段都发挥了作用。这段与现代物理学的渊源为荣格的共时性理论提供了恰当的历史背景。

荣格和现代物理学大家们之间的关系是一个尚未完全被外界了解的故事。除了爱因斯坦和泡利，现代物理学中还有许多重要人物在20世纪上半叶住在苏黎世，并在20世纪30年代荣格担任心理学教授的理工大学开设讲座或任教。20世纪上半叶的苏黎世是名副其实的现代物理学温床，人们几乎不可能忽视这些知识分子之间产生的激荡。可以确定的是，人们正在从根本上重新思考物理的本质，而荣格很早就开始思考现代物理学和分析心理学之间的相似性，正如他在提到爱因斯坦的信中指出的那样。荣格关于共时性的文章，无疑是在发表之前的30多年里，与这些人无数次讨论的结果。

必须认识到，原型和自性理论与共时性理论结合起来，编织出一个单一的思想脉络，这就是本书导言中提到的荣格的统一观点。要完全掌握自性理论，就必须结合荣格理论的共时性思维背景；要掌握共时性理论，就必须了解他的原型理论。这就是为什么很少有其他心理学家跟随荣格的步伐进入原型理论的原因之一。它变成了形而上学中的超心理学，很少有心理学家会对这一完整理论所需的所有领域——心理学、物理学和形而上学——都游刃有余。这是一个很少有现代思想家能够企及的智力范围，学术界尤其羞于跳出各自的专业界限。共时性理论使荣格认为自性是对意识和心灵整体的根本超越，它挑战了心理学、物理学、生物学、哲学等院系划定的学科界限。传统上，心理学被视为局限于人类心理的活动的学科；但荣格的分析心理学用自性和共时性理论挑战了这种武断的划分。有学生曾问荣格，自性的终点在哪里，它的边界是什么。荣格的回答是，自性没有终点，无边无界。要理解这句话的意思，我们必须认识到他是在指共时性对自性理论的影响。

荣格在提出共时性蕴含的重要观点时是矛盾的，这可以理解。作为一个谨慎而保守的瑞士人，荣格通常将自己的观点建立在纯粹的心理学论据上，这是他无可争议的专业领域。然而，随着共时性理论的提出，他陷入了困境。在此，仅靠心理学已无法支撑。尽管如此，到了75岁的年纪，他一定觉得自己已经获得了沉溺于这种宇宙学的思索的权利。他准备把自己最疯狂的概念之一——自性与存在的统一——发表出来。这和说自性与上帝是一体有那么大不同吗？他冒着听起来像一个预言家，或者更糟的是像一个怪人的风险。

共时性与因果论

这篇文章本身难度很大，当然也存在严重缺陷，原因是一位同事对一项针对已婚夫妇的研究进行了误导性的统计分析。在回顾这项研究时，我将仅限于理论部分。荣格首先评论了因果关系的概念和概率法则，他注意到人类普遍具有推测因果关系的倾向，几乎总免不了问，为什么会发生这件事呢？人们认为每一件事都是有前因的。因果关系在一般情况下确实存在，但偶尔也可能没有。例如，在心理学中，因果关系尤其难以确定，没有人能够确切地知道是什么原因让我们这样做，这样想，有这样的感受。意识动机与无意识心灵内容和冲动的动机都存在。有许多理论试图解释情绪和行为的因果关系，但推测无疑会引导我们在心理现象中，找到比实际情况更多的因果关系，又或者我们可能把事情归咎于错误的原因，直到事后才发现我们弄错了。

我们可能会妄下结论：一个男人打老婆是因为他小时候被打过，或是因为他看到父亲经常打母亲。他这样做是因为童年经历，或者是因为父母对他有这样的影响。他在“效仿父亲”，或“他的母亲情结”应该对此负责，我们可能会凭自己的心理敏锐性而非常自信地这样说。一开始，这可能是个不错的推测，但这种归纳分析肯定没有穷尽所有可能的原因和意义。例如，还有一个最终原因，人们为了实现一个目标或获得对生活某种程度的适应而去做一些事情。也许这个人就是想获得权力，控制他的妻子，以此来实现对自己未来的更大掌控。心理上的因果关系可以引导我们回到历史，也可以指引我们走向未来。偶然事件，就是刚好在恰当的时间，发生在了恰当的地点。很难解释为什么有些人如此幸运，有些人又如此不幸，而且，我们常常因为他们没有做的事情而表扬他们，为他们无法避免的事情而责备他们。推断和猜测几乎拥有无限的空间。

之所以用因果关系思考，是因为我们生而为人，并不是因为我们生活在一个科学的时代。每一段时期、每一种文化中，人们都在进行因果思考，即便他们指出某个事件的原因与我们今天的科学知识相悖。今天，我们说某人是一个精神变态的怪物，可能是因为小时候受到了严重的虐待，而在中世纪，人们认为是魔鬼让他变成这样。理由不同，但思路是一样的。荣格承认，挑战因果思维本身是违背常识的。那为什么还要这样做呢？因为有些事情是无法用因果论来解释的。

荣格发现，现代物理学是质疑因果推理终极性的一个盟友，因为物理学发现了一些事件和过程没有因果解释，只有统计概率。例如，放射性元素的衰变。没有因果解释可以说明为什么这个或那个镭原子会分解。放射性元素的衰变可以用统计方法预测和测量，而且衰变率随时间的推移是稳定的，却无法解释它会在何时、以何种方式发生。它“就是这样发生”了，就这样。对无因果联系事件的发现在因果论宇宙中打开了一个缺口。这不仅说明科学还没有弄清楚因果关系在这里是如何起作用的，而且说明在原则上，因果关系的规则并不适用。如果有些事件不是由之前的原因造成的，我们如何去思考它们的起源呢？为什么会发生？为什么会出现这种情况？

这些事件是随机和纯粹偶然的吗？

荣格认为概率是解释许多事件的一个重要因素。但是，有一系列明显的随机事件显示了超出概率范围的模式，比如一连串的数字或其他非同寻常的巧合。赌徒们指望着这些无法解释的运气。荣格希望远离高度直觉化或神秘的概念，如选择性亲和力（elective affinities）或感应说，这是一些预言家和有远见的哲学家，如叔本华等人提出的。相反，他更愿意以科学、实证和理性的方式处理这个困难的问题，就像多年前他在博士论文中以实证和科学的方式处理神秘的通灵之谜一样。荣格完全致力于用科学的方法来理解。

不过，从传记角度来解读荣格的共时性作品是很吸引人的。在有关后半生自性化的观点中，荣格认为，人们（至少在西方世界）应该在不牺牲自我理性地位的同时，将理性的自我意识与非理性的集体无意识联系起来。荣格还认为，后半生的主要心理任务是形成一套包括理性和非理性因素的世界观，一种个人的人生哲学。在这篇关于共时性的文章中，我们可以看到荣格用理性的西方科学自我，来探索奇幻世界和在集体无意识中发生的那些罕见的、无法解释的现象。他试图以某种概念的形式阐述一种象征，这种象征能够把处于紧张对立中的两个领域聚合在一起。虽然他在这里处理的问题与宗教和哲学中经常涉及的问题相似，但荣格试图用科学理性的方法和世界观来处理那些神秘的、宗教的和类似魔法般的现象，这些现象通常被排除在科学讨论之外。出于个人原因，也为了我们整个科学文化，他正努力在西方的两个主流文化焦点，即科学和宗教之间建立联系。他试图保持这种张力，而不片面地偏向任何一方。他的共时性理论正是试图包含这组对立面的象征。这就是这部作品的个人部分。

荣格对莱茵（J. B. Rhine）在杜克大学进行的超感知觉（ESP）实验非常着迷。令他印象深刻的是，他们用概率论证明了超感知觉无法用因果解释。实验表明，人类可以跨越将我们限制在单一时空连续体中的看似绝对的界限。这让荣格想起了爱因斯坦的相对论，和他自己所观察到的梦境，在这些梦境中，久远的事件在发生过程中或发生之前就已成像。莱茵的实验为荣格已经得出的结论提供了新的实证证据，即心理不受时空界限的绝对限制。以一个绝对封闭的时间和空间连续体为假设的因果关系，并不能解释这些事件。荣格指出，在莱茵的超感知觉实验中没有能量传递，只有思想和事件在时间上的“落差”。一张卡片在一个房间被翻开，在另一个房间，某个意象出现在一个人的心里，这些巧合的频率比统计学上的可能性还要高。荣格在这篇文章中第一次使用了“共时性”这个术语，“它不可能是因果问题，而是时间上的一致，一种同时性的问题。正是因为这种同时性，我才用‘共时性’这个术语作为一种解释原则，来说明与因果关系具有同等级别解释效力假设的因素。”[6]

共时性与原型理论

1954年，在共时性论文出版两年后，荣格发表了他的权威理论文章《论心灵的本质》修订版。在一篇很重要的附录中，他将原型理论与共时性原则联系起来。这一点很重要，因为这篇附录把他的两个思想联系在一起，形成了一个统一的理论表达。荣格使用“客观心理”一词讨论了无意识是“客体”（情结和原型意象）的领域，就像周遭世界是人和物的领域一样。这些内在客体同外部客体一样，用相同的方式冲击着意识。它们不是自我的一部分，但影响着自我，自我必须与它们建立联系并加以适应。例如，思想诞生于我，它们“落入”我们的意识之中（在德语中，Einfall的字面意思是“落入”意识的某物，也代表“灵感”）。荣格认为，无意识中出现的直觉和思想，并不是刻意思考的产物，而是内在客体这一无意识碎片偶尔停留在了自我表面（荣格有时喜欢说，思想就像鸟儿。它们飞过来，在意识之树上筑巢，又飞走了，然后被遗忘，消失）。一个人越深入客观心灵，它就变得越客观，因为与自我主体性的关系越来越小。“它同时是绝对主体性和普遍真理，因为原则上可以证明它无处不在，当然不能说它是具有个人性质的意识内容。外行人总认为，与心理概念联系在一起的那些捉摸不定、反复无常、模糊不清和独一无二的特点只适用于意识，而不适用于绝对无意识。”[7]与意识不同，无意识是有规律的、可预测的和集体的。“原型，这个无意识运行的单位只能从质，而非量上进行定义，因此不能确切地认定其本质是属于心灵的。”[8]

在前面的章节中我提到，原型是属于类心灵，而不是纯粹地属于心灵。在这篇论文中，荣格明确指出，“尽管我曾因纯粹心理学的思考而对原型的纯粹心灵性质有所怀疑，但心理学界本身也认为自己有义务根据物理学的发现来修正其‘只是心灵的’假设……心灵和物理连续体具有相对一致性或部分一致性，这在理论上具有重要意义，因为这带来了极大的简化，在物质世界和精神世界看似不可通约性之间架起了桥梁。当然这不是以具体方式实现的，而是在物理方面通过数学方程，从心理方面通过实证得出的原型来实现的。原型内容，如果有的话，也无法直接呈现给头脑”。[9]换句话说，荣格看到了心理最深层的模式（原型意象）和物理世界中显而易见的，与物理学家所研究的过程和模式之间大片的一致性区域。具有讽刺意味的是，事实证明，第一阶段的神秘参与即原始心理学其实离现实并不遥远！荣格定义的心灵是指原则上能够成为意识并受意志影响的任何内容或感知，包括自我意识、情结、原型意象和本能的表征。但原型和本能自身不再是心理的，它们与物理世界是一个连续体，物理世界在其深处（正如现代物理学所探索的那样）与心灵一样神秘和具有“灵性”，两者都可以消融成纯粹能量。这一点很重要，因为它提出了一种方式来设想心灵是如何与躯体和物质世界相联系的。这两个领域——心灵和物质世界，可以通过数学方程式和“实证演绎出的原型假设”[10]架起桥梁，无论是肉体还是心灵都无须从对方衍生出来。更确切地说，它们是两个平行的实相，更确切地说，是同步相关和协调的。

心与物

荣格一直对心与物的关系很感兴趣。例如，他觉得非常奇怪的是，仅凭数学思维，就可以建造一座经得起大自然和人类交通考验的桥梁。数学是纯粹的心智产物，在自然界中并不存在，人们却可以坐在书房里就能够生成准确预测和掌握某种物体和事件的方程式。荣格对纯粹的心理产物（数学公式）能与物理世界产生如此显著的关系印象深刻。另一方面，荣格提出，原型也是心理和物理世界之间的直接联系，“只有当它能够对心理现象做出最起码的清晰解释时，我们才会倾向于假设原型必定有一个非心理的面向。这种结论的依据来自共时性现象，它与无意识运作者的活动有关，迄今为止被视为或批判为‘心灵感应’等”。[11]荣格对于将因果关系归因为与共时性现象有关的原型通常持谨慎态度（否则他就会退回到因果关系模型中，认为原型是同步事件的原因），但在这段话中，他似乎确实将原型与组织共时性的“运作者”联系起来了。

共时性被界定为心理和物理事件之间有意义的巧合。一架飞机从天空坠落的梦在第二天早上的广播报道中得到了应验。这个梦和飞机失事之间不存在已知的因果联系。荣格推测，这样的巧合是建立在几乎可同时产生心理意象和物理事件的组织者基础上的，但它们之间没有因果联系。荣格预料到了自己的批评者，他写道，“怀疑论应该……只针对不正确的理论，而不是针对本身就存在的事实。任何公正的观察者都不能否认它们。否认这些事实的主要原因是人们对附在心灵上的，诸如‘千里眼’这样的超能力感到抵触。就我目前所见，这些现象的多样化和混乱，用心灵上相对的时空连续体假设是完全可以解释的。一旦心灵的内容越过意识的阈限，共时性的边缘现象就消失了，时间和空间又恢复了它们惯常的支配，意识在其主体性中再次被孤立”。[12]

共时性现象经常在心理的低意识水平上运行，如做梦或沉思的时候。幻想状态是理想的情形。一旦人们察觉并专注于共时性事件，时间和空间就会恢复支配力。荣格得出结论，莱茵实验中的受试者一定是在意识微弱以后，才对这个项目感兴趣和兴奋。如果他们尝试用理性的自我来计算概率，他们的超感知觉结果就会下降，因为一旦认知功能开始发挥作用，共时性现象的大门就会关闭。荣格也指出，共时性似乎在很大程度上取决于情感的存在，也就是对情绪刺激的敏感性。

荣格在其作品中对共时性做了狭义和广义的定义。狭义的定义是“某种心理状态与一个或多个外部事件同时发生，这些事件看起来与瞬时的主观状态有意义的相似之处”。[13]他所说的“同时”是指在大约相同的时间范围，在几小时或几天内，不一定在完全相同的时刻发生，只是心理和物理两个事件“在时间上的融合”。在心理方面，它可能是一个梦的意象、一个想法或直觉（这种心理和客体世界之间的神秘相关是共时性的狭义定义。在这篇文章的后面会有一个更普遍的定义）。

如上所述，一个人在心理上处于低意识水平状态（一种意识模糊状态），也就是当意识的水平处于今天所称的阿尔法状态时，通常就会出现共时性。这也意味着，无意识比意识更有活力。情结和原型被唤醒，进入更活跃的状态，并能突破阈值进入意识。这种心灵材料有可能与心灵外部的客观数据相呼应。

绝对知识

尽管如此，基于经验中的大量证据，荣格做了一个直觉上的飞跃，即无意识过程拥有他所称的先验知识。“在所需的能量传输都难以想象的情况下，一个在空间和时间上遥远的事件怎么可能产生相应的心灵意象呢？无论看起来多么难以理解，我们最终不得不假设，在无意识中存在着某种类似先验知识或没有任何因果联系的事件的‘即时性’（immediacy）。”[14]这使得我们有可能凭直觉知道一些我们用理性方式无法知道的事情。深刻的直觉可以提供确切真实的知识，而不仅仅是推测、估计或幻想。在荣格看来，无意识打破了康德的知识范畴，在可能的认识范围内超越了意识。换句话说，在无意识中，我们知道许多我们不知道自己知道的事情。这些可以被称为未经思考的想法或无意识的先验知识。正是这个概念把荣格带入了心灵和世界统一的最高猜想。如果我们知道的东西超出了意识所知的范围，那么在我们体内就有一个未知的知者，一个超越了时间和空间范畴的心理面向，它同时存在于这里和那里，当下和过去。这就是自性。

荣格学派的学者们有时候评论说，无意识中没有秘密。每个人都洞悉一切。这是谈论这个层次的心灵现实的一种方式。即使暂时撇开那些在直觉方面有超常天赋的人——比如一些直觉很强的医师，他们已经证明对从未谋面的患者的诊断有惊人的准确率——许多人也都有梦到别人的经历，这种梦会给人提供一些没有意识到的信息。当然他们可能不知道某个特定的梦是准确的。有时我们会梦见别人的梦，有时别人梦见我们的现实。作为一个听过很多移情梦的分析师，我可以证明其中一些（不是全部）是准确的，它们远远超出了我的病人的意识对我的了解。有一次，一个病人的梦甚至告诉了我一些当时我自己都没有意识到的关于我的事情。她梦见我筋疲力尽，需要休息。直到我花时间去反思，才意识到这一点，然后不久就得了流感，我发现她的无意识已经准确了解了我的身体状况，甚至比我自己的意识更准确。人们可以把这种无意识的知者比作上帝之眼，这是修女们过去用来吓唬学校小孩子的一个概念，试图诱使他们严格服从教会的教导。不仅是你的所作所为，甚至你的所思——事实上，就是你的存有本身，上帝都会看到，并不断记录下来。这是对某种绝对知识存在于无意识这一观点的投射。

为了进一步思考先验知识这个议题，荣格琢磨了数字的心理意义。它们是什么？假定我们“从心理学上把数字定义为一种有意识的秩序原型”。[15]当然，古代的观点认为存在的宇宙结构是建立在数字以及数字之间的相互关系上。例如，毕达哥拉斯学派就提出了这样的观点。荣格采取了类似的方法，只是用更现代的数学概念作为心灵和世界的基本结构。当这些基本的存在结构在心灵中成像时，它们通常以圆圈（曼荼罗）和正方形（四位体）的形式出现，与数字1和4相关。从1（开始），通过中间的数字2和3，到数字4（完成，完整）的运动象征着从原始的（但仍然只是潜在的）统一到真正的整体状态的过程。数字象征着心灵中的自性化结构，也象征着在非心灵世界中的秩序创造。所以人类对数字的认识就变成了对宇宙结构的认识。只要拥有对数字的先验知识，人们凭借认知能力和智慧，也就拥有了对宇宙的先验知识（有趣的是，像恩培多克勒这样的古希腊人相信神用数学方式思考，数学天才就像神一样。的确，他们和神一样好。带着这样的信念，恩培多克勒从埃特纳山顶纵身一跃，跳进了下面的活火山）。

如果数字代表秩序原型这一说法成为意识，那么它仍然没有回答，是“什么”造成了这种最终的秩序状态。数字和秩序意象背后的基础是什么？秩序本身的原型是什么？一定有一种动力在幕后运作，创造了共时性现象中的秩序，并以数字和意象彰显自己。荣格正在朝着一种新的，不仅关乎心灵，也关乎世界秩序原则的宇宙论前进。这不是宗教或想象意义上的神话学表述，而是一个基于现代科学世界观的声明。这使他对共时性提出了更广泛的定义。

新范式

在论文最后，荣格提出了一个意义深远的想法，即把共时性——与空间、时间和因果论一起——纳入一个范式，这个范式可以为人类所体验到的和科学家们测量出来的现实提供一个完整的说明。从某种意义上说，荣格在这里所做的是将心灵接入到对现实的完整解释中。他说，必须考虑"心灵事件和客观事件之间有意义的巧合"。[16]这就为科学范式增加了意义元素，否则，科学范式就会在不考虑人类意识或意义价值的情况下运行。荣格提出，对现实的完整解释必须包括人类心理、观察者，以及意义元素这三者。

我们已经在前面的章节中看到荣格赋予了人类意识高度的重要性。事实上，他认为人类在这个星球上的生命意义，与我们的意识能力紧密相连，在于为世界增加一种对事物和意义的镜像觉知，否则，这些意识将会在无尽的时间长河中奔流，而不被看到、想到或认可。在荣格看来，来自类心灵区域集体无意识深处的模式和意象上升为意识，就赋予了人类在宇宙中的目的，因为只有人类（据我们所知）才能够了解这些模式，并表达我们的所知。换句话说，神需要有我们才能被觉知到。人类已经意识到宇宙是有秩序原则的，我们可以留意并记下这些意义。但荣格也敏锐地强调，他在这里不只是做思辨哲学。那是传统和老式的，属于前现代的意识水平。他正在努力进入意识的第五甚至第六阶段（见第八章），因此他是以实证和科学的方式工作。他认为，基本上共时性不是一种哲学观点，而是一个可以在实验室中进行测试的，基于经验事实和观察的概念[17]。只有这样的宇宙论才能被当今世界接受。对传统信仰体系的怀旧在世界的许多地方都可以找到，但对于现在和未来，以及最高层次的意识，这种范式不能是神话式的。它必须是科学的。

作为一种新世界观的基础，共时性概念及其内涵之所以有效，是因为它们很容易直观地理解，并融入人们的日常生活中。每个人都知道有幸运的事情在发生，也知道有诸事不顺的倒霉日子。通过意义和意象，而不是因果关系联系在一起的系列事件很容易被一个人或所有人体验到并证实。但是，要把这个概念严肃认真地当作一种科学原理来看待，却一点也不容易，这是革命性的。首先，它要求对自然和历史要有一种全新的思维方式。例如，一个人如果想在历史事件中找到意义，其隐含的意思是，秩序的潜在原型正在以这种方式安排历史，以便产生更进一步的意识。这并不是人类以为的进步，而是在理解现实方面的进步。这种理解可能类似于在承认现实可怕的同时，也看到它的美丽和荣耀。

这就是推动荣格写作《爱翁》的理念。过去2000多年来的西方宗教和文化史可以被看作是一个潜在原型结构的意识展开模式。历史的进程曲折沧桑，没有偶然。它向某个地方走去，产生某种需要在人类意识中得以镜映和照见的特定意象。这个意象有光明的一面，也有黑暗的一面。同样的模式可以应用于个人生活史，也适用于集体史，这两者确实可以（也确实应该）相互联系，并以一种有意义的方式结合在一起。我们每个人都是时代所需要的一小部分意识的载体，以便推进我们对历史中潜在主题展现出来的过程的觉察。例如，原型性质的个人梦，可能是在为时代服务，以补偿文化的片面性，而不只是个人意识的片面性。从这个意义上说，每一个个体都是作为整体的历史所揭示的现实的共同创造者。

从共时性的角度来思考文化和历史需要巨大的思维飞跃，特别是对于严格遵循因果论原则之狭隘理性的西方人来说。启蒙时代留下的遗产是重事实轻意义。人们认为，宇宙和历史是由偶然性和支配事件的因果法则所安排的。荣格认识到了这一挑战，毕竟，他自己也深受西方科学世界观的熏陶。“共时性概念及其意义内涵产生了一幅无法呈现的世界图景，以至于令人非常困惑。不过，增加这一概念的好处是，它使我们可能把类心灵因素，也就是先验意义或其‘对等物’纳入我们对自然的描述和认识中。”[18]荣格展示了一张他和物理学家沃尔夫冈·泡利制作的图表。

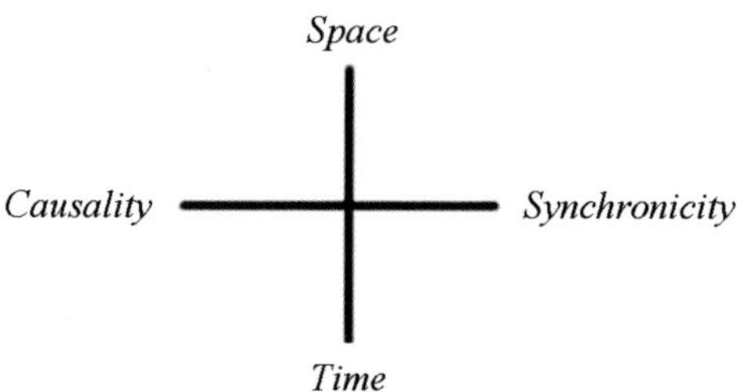

纵轴是时空连续体，横轴是因果关系和共时性连续体。他在此处宣称，现实中最完整地描述解释一个现象需要考虑这四个因素：事件发生的地点和时间（时空连续体），导致它的原因及其意义（因果共时连续体）。只有这些问题都得到了解答，才能充分把握一个事件。上述任何一点都可能存在争议，在事件的意义问题上，必然会有大量的差异和争议。各种解释层出不穷，尤其对于像第一颗原子弹爆炸这样的重大事件，更不用说家庭中某人的出生或死亡这样的个人事件了。在这一点上，意见分歧很大。当然，关于因果关系的意见也是众说纷纭。荣格认为，对意义问题的回答不仅需要对导致有关事件的因果关系进行说明，还必须考虑共时性。从心理学和类心理学的角度看，我们必须研究在聚合情境中明显存在的原型模式，因为这将为研究共时性和深层结构意义提供必要的参考。例如，探索原子弹在世界历史舞台上的意义，必须包括导致第二次世界大战的世界因素，以及这场战争造成的对立面的两极化。在分析中还必须考虑当代人对原子弹的梦想，原子弹对人类存在结构中意识偏颇的现象有何助益。

为了理解原型理论与跨越心理界限的共时性事件的关系，荣格不得不扩展原型的非心理本质概念。一方面，它是在心灵内部以意象和观念的形式出现的，所以具有心灵和心理学的特质；另一方面，它本身是不可表征的，其本质在心灵之外。在这篇关于共时性的文章中，荣格引入了原型的越界性（transgressivity）这个概念。“尽管与因果过程有关，或被它们‘裹挟’，但原型不断超越自己的参照系，我将这种侵犯行为称为‘越界’，因为原型并不只存在于心理领域，也可能在非心理的情况下发生（相当于心理的外在物理过程）。”[19]原型跨越了心理和因果关系的边界，尽管它可能被两者“裹挟”。荣格所指的越界意味着发生在心灵中的模式与心灵之外的模式和事件有关。两者的共同特征是原型。在原子弹的例子中，自性原型是通过爆炸事件而在心灵内外的历史中，在它所出现的整个世界历史的大背景中，以及在数以百万计（这是我的猜测，尽管在这方面有一些研究）以炸弹为主题的梦境中显现出来的。

关于原型越界性的这个观点有两个方向。首先，正如我一直在讨论的那样，它肯定了在心灵和世界的巧合中存在潜在的客观意义，并让我们在直觉上觉得有意义。另一方面，它在我们无法直观看到意义的地方，例如，当我们认为意外事件的发生纯属偶然时，创造了意义存在的可能。在两种情况下，这种意义都超越了线性因果关系。我们出生在某个特定的家庭仅仅是由于偶然和因果关系吗？还是也存在某种意义？或者假如心理组织和结构不仅是像发展心理学通常认为的那样，具有因果联系，也有共时性呢？这意味着人格的发展是通过有意义的巧合（共时性）以及预先设定的表观遗传阶段的顺序而发生的。同时也暗示了本能和原型结合在一起，以因果关系和共时性的（有意义的）方式被激活。例如，像性欲这样的本能启动，不仅仅是因为一系列具有因果关系的事件（遗传因素、心理固着或早期童年经历），而且也因为某个原型场域在某一特定时刻聚集，与一个人的偶然相遇变成终生关系。这一刻，类心灵世界的一些东西变得可见而有意识了（两极会合，灵魂伴侣）。原型聚合的意象并不创造事件，但内在的心理准备（当时可能是完全无意识的）和一个人的外在表现之间的对应关系，是不可思议、难以预测的，是共时性的。如果我们只从因果关系的角度考虑，为什么会发生这种联系似乎是个谜，但如果我们引入共时性因素和意义的维度，就会更接近一个更完整和满意的答案。在随机的宇宙中，这种需求和机会，或者欲望和满足的结合是不可能的，至少在统计学上是概率很小的。这些共时性事件中体现出来的令人难忘的奥秘改变了人们。生命转向了新的方向，对共时性事件背后内容的思考将意识引向深刻的，甚至可能是终极的现实层面。当一个原型场聚集，模式在心灵和客观的非心灵世界中同步出现时，一个人就体验到了活在“道”中的境界。通过这种体验，意识可以触摸到某种根本，那是对人类有能力实现终极现实的展望。进入共时性事件的原型世界，就如同生活在上帝的意志中一样。

宇宙论

这篇关于共时性的文章从荣格所说的共时性的“狭义定义”开始，实际上也主要集中在这一点，即一个心灵事件（如梦境或思想）与非心灵世界的事件之间有意义的巧合。荣格也考虑了更广泛的定义。这和世界上与人类心灵无关的非因果秩序有关。这是“共时性更广义的概念，即它是世界上存在的‘非因果秩序’”。[20]这就成为荣格对宇宙论的说明。共时性，或“非因果秩序”是宇宙规律的基本法则。“所有的‘创造行为’、先验因素，如自然数的特性、现代物理学的不连续性等，都属于这个范畴。因此，我们必须把那些恒定的、实验中可重复的现象纳入扩展的概念范围，尽管这似乎不符合狭义的共时性所包含的现象的性质。”[21]从共时性的一般原则来看，我们人类通过类心灵因素和原型的越界性，对非因果秩序的体验，是宇宙中存在更广泛秩序的一个特例。

带着这幅宇宙图像，我为荣格心灵地图画上了最后一笔。他对心灵及其边界的探索将他带入了通常属于宇宙学家、哲学家和神学家的领域。这幅心灵地图必须放在更广阔的视角下，因为这是他整体视野延伸的最遥远之地。他教导说，我们人类在宇宙中扮演着特殊的角色。我们的意识能够反映宇宙并将其带入意识之镜中。我们能够认识到自己生活在一个可以用四个原则来描述的宇宙中：能量不灭、时空连续、因果关系和共时性。如下图所示：

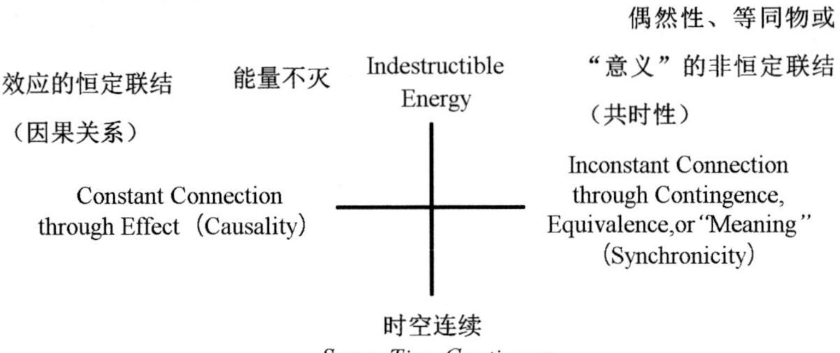

人类的心灵和我们的个人心理通过无意识类心灵层面深刻地参与到宇宙秩序中。通过这个心灵化过程，宇宙中的秩序模式可以被意识所利用，最终得到理解和整合。可以说，每个人都可以通过关注意象和共时性，从内部见证造物主和创造性的工作。原型不仅是心灵的模式，还反映了宇宙的基本结构。“有其上，必有其下”，古圣先贤如是说。现代灵魂探索者卡尔·古斯塔夫·荣格回应道，“有其内，必有其外”。

注 释

引　言

1. 荣格，《荣格全集》第6卷 。

2. 荣格，《荣格全集》第1卷，第3—88段 。

3. 荣格，《荣格全集》第3卷，第1—152段 。

4. 亨利·艾伦伯格，《发现无意识》，第687页。

5. 荣格，《回忆·梦·思考》，第182—183页。

第一章　表层（自我－意识）

1. 荣格，《荣格全集》第4卷，第772 段。

2. 荣格，《荣格全集》第9卷，序言第2页，第1段。

3. 同上。

4. 荣格，《荣格全集》第8卷，第382段。

5. 荣格，《回忆·梦·思考》，第32页。

6. 许多动物物种似乎确实具有一定的，尽管是奇特的和令人困惑的交流能力和手段。不过，据我们所知，与人类最低级的语言学习能力和在语言世界中发挥作用的功能相比，这些都是微不足道的。毫无疑问，它们的许多非语言交流能力还有待发掘。

7. 荣格，《回忆·梦·思考》，第45页。

8. 荣格，《荣格全集》第9卷（上），第3段。

9. 同上。

10. 同上。

11. 同上。

12. 同上。

13. 同上。

14. 荣格作为科学家的基本身份是他承认原型理论是一种假说的基础。否则的话，他就是在制造神话和幻觉，这是宗教而不是科学的基础。荣格的著作偶尔会被当作教义，但不应如此，因为他是以实证方法为基础，而且坚称自己是科学家而不是预言家。

15. 荣格，《荣格全集》第9卷（上），第5段。

16. 威廉·詹姆斯，《心理学原理》第1卷，第291—400页。

17. 荣格，《荣格全集》第9卷（上），第6段。

18. 荣格，《荣格全集》第6卷，序言第5页。

19. 荣格从法国人类学家列维·布留尔那里借用了这个短语来描述自我与世界以及与周围群体或部落之间最原始的关系。“神秘参与”指的是自我和客体之间的原始认同状态，不管客体是一件事、一个人还是一个群体。

20. 荣格，《荣格全集》第6卷，第9段。

21. 同上。

22. 《罗马书》，第3章，第15—18节。

23. 荣格，《荣格全集》第6卷，第9段。

第二章　丰富的内在（情结）

1. 词语联想实验是由高尔顿发明，并由德国心理学家威廉·冯特修订后在19世纪末引入欧洲大陆实验心理学领域。在荣格和布洛伊勒采用它之前，主要用于心灵如何将词语和想法联系起来的理论研究（见《荣格全集》第2卷，第730段）。在布洛伊勒的领导下和弗洛伊德关于无意识因素在心理生活中的重要性的工作启发下，荣格试图将这个测试用于精神病院临床实践，同时也继续将它的结果用在心灵结构的理论分析中。

2. 关于这项研究的详细内容，请参见艾伦伯格的《发现无意识》，第692页及其后。

3. 关于弗洛伊德对情结和核心情结这两个术语的有趣讨论，请参阅约翰·克尔的《一种最危险的方法》，第247页及其后。

4. 荣格，《荣格全集》第2卷，第8段。

5. 同上，第1015段及其后。

6. 荣格，《荣格全集》第8卷，第194—219段。

7. 这次讨论中的各种观点发表在《挥之不去的阴影》（*Lingering Shadows*）一书中。安东尼·史蒂文斯（Anthony Stevens）在他的《荣格》一书中回顾了这些论点，他坚持认为荣格没有反犹太和亲纳粹的行为。安德鲁·塞缪尔（Andrew Samuels）的许多论文提出了相反的观点。

8. 荣格，《荣格全集》第8卷，第198段。

9. 同上。

10. 同上。

11. 荣格，《犯罪心理学新视角》，载于《荣格全集》第2卷，第1316—1347段。

12. 约瑟夫·亨德森是荣格学派这一观点的最有力倡导者。关于文化无意识及其各个方面的详细讨论，请参阅亨德森在《阴影与自性》中所写的“文化态度与文化潜意识”，第103—126页。

13. 这一点在汉斯·狄克曼（Hans Dieckmann）的重要论文《边缘性患者象征的形成与处理》中得到了详细阐述。

14. 荣格，《荣格全集》第8卷，第201段。

15. 同上。

16. 同上。

17. 同上，第202段。

18. 同上。

19. 同上。

20. 同上。

21. 同上，第204段。

22. 同上。

23. 同上。

第三章　心理能量（力比多理论）

1. 威廉·麦圭尔（主编），《弗洛伊德—荣格书信集》，第6—7页。

2. 荣格，《回忆·梦·思考》，第164页。

3. 荣格，《荣格全集》第8卷，第1—130段。

4. 威廉·麦圭尔（主编），《弗洛伊德—荣格书信集》，第461页。

5. 荣格，《无意识心理学》，第142—143页。

6. 威廉·麦圭尔（主编），《弗洛伊德—荣格书信集》，第460页。

7. 荣格，《无意识心理学》，第144—145页。

8. 同上，第156页。

9. 荣格，《回忆·梦·思考》，第167页。

10. 荣格，《无意识心理学》，第480页。

11. 荣格，《荣格全集》第5卷。

12. 在这方面，荣格对固定工作的价值的看法很有意思。在他看来，工作伦理实际上是一个解放者，将人从乱伦愿望的束缚中解放出来。“奴隶制的毁灭是这种（乱伦性行为）升华的必要条件，因为古代还没有认识到工作的义务和作为义务的工作，是一种重要的社会需求。奴隶劳动是强制性的工作，是特权者力比多的灾难性强迫的对应物。从长远来看，只有个人的工作职责才有可能使无意识有规律地‘释放’，而这种无意识被持续的力比多退行所淹没。怠惰是一切恶习的开端，因为在懒散怠惰的梦境中，力比多有大量的机会沉沦于自身，以便通过退行的乱伦纽带创造强制性的义务。最好的解放是通过固定的工作实现的。然而，只有在工作是一种自由行为，没有任何强制时才是救赎。在这方面，宗教仪式在很大程度上是一种有组织的无所事事，同时也是现代工作的先驱”。（《无意识心理学》，第455页）这是“劳动自由”这个概念的一个版本，纳粹在他们的劳动营中如此可鄙地使用了这个概念，那里正是将奴隶制制度化的地方。只有当工作可以自由选择并接受其为生活的一种责任时，力比多才会发生转换。一个人如果为了学习和实践而自由选择职业，并自愿牺牲大量的快乐和感官满足时，力比多的转换才是成功的。

13. 乔治·霍根森（George Hogenson）在他的著作《荣格与弗洛伊德的斗争》中广泛讨论了这个权威问题。

14. 荣格，《荣格全集》第8卷，第6段及其后。

15. 同上，第5段。

16. 荣格，《荣格全集》，第58段。

17. 同上。

18. 同上。

19. 接受这种终极能量观的治疗师可能会被视为没有人情味和缺乏同理心，这是有道理的。他们很少关注原因，如童年创伤或过去的冲突和虐待关系等。重点是追踪从自我到无意识（退行）到新适应（前行）的能量流，并分析可能阻止或阻碍能量流找到其自然梯度或路径的态度和认知结构。这是一种更偏向于认知的方法。另一方面，共情的分析者会为现在的困难寻找过去的原因，并表示理解了过去是如何造成现在的问题的。总的来说，荣格认为弗洛伊德的方法是一种因果——机械论的、共情的，而他自己的方法则是终极能量观的、非个人的类型。分析师解剖心灵，目的是分析能量的运动，促进其流向平衡，使用的是非个人的方法。在荣格的类型学理解中，外倾者通常更容易被因果论吸引，而内向者则倾向于更抽象的终极观。许多当代分析家试图将两者结合起来。

20. 在荣格与弗洛伊德的斗争中，阿德勒与弗洛伊德之间的差异是一个重要因素，荣格将自己对理解人际动力学的不懈努力也融进了他的心理类型理论。理解阿德勒和弗洛伊德的不同理论立场，是吸引荣格研究心理类型的人格差异的原因之一。这两种理论都有很多可借鉴之处，在很多方面似乎都是正确的。然而，与弗洛伊德和阿德勒不同，荣格总结说，弗洛伊德的理论基本上是外向型的，即假定人们通过客体寻求快乐和释放的驱动力，而阿德勒的理论则是内向型的，他认为人们基本上是在寻求自我对客体的控制。荣格认为，阿德勒理论中描述的权力需求是内倾型个体控制客体世界的需求，而不是为了与之联系并从中获得快乐。内倾的人更倾向于追求对权力和对威胁性客体的控制，而不是寻求快乐。另一方面，外倾者是以快乐原则为导向，这些人符合弗洛伊德的心理学观点。弗洛伊德认为人类是外向的，受快乐原则驱使，而阿德勒则认为我们是内向的，受权力需求驱使，两人都对人类行为做出了真实的解释，但每个人都从不同的角度接近心理，在某种意义上说，他们描述的是不同类型的个体。

21. 荣格，《荣格全集》第8卷，第79—181段。

22. 同上，第88—113段。

23. 荣格，《书信集》第2卷，第624页。

24. 荣格，《荣格全集》第8卷，第818—968段。

第四章　心灵的边界（本能、原型和集体无意识）

1. 集体无意识这一研究领域使得经院心理学对荣格敬而远之，并称他为神秘主义者。直到最近才有可以利用的工具（特别是关于大脑以及大脑化学与情绪和思想的关系的生物研究技术）可以用来解决几十年前荣格提出的影响深远的假设。近年许多关于人类行为生物学基础的研究倾向于证实荣格的观点，即我们继承了大量的心理和行为模式，这些模式曾经被认为是后天习得的，是后天培养的结果，而不是先天的。在荣格看来，原型就像本能，因为它们是与生俱来的，跟随我们的基因组成而来。

2. 事实上，荣格被一些作家（例如菲利普·里夫）看作是回到18世纪的古文物研究者，当时的业余学者和科学家只是简单地收集世界上一切事物的零星信息，并创建了图书馆和博物馆，显示出对他们所收藏的东西理解不深。不用说，里夫是一个顽固的精神分析论者。

3. 荣格，《荣格书信集》第1卷，第29页。

4. 同上，第30页。

5. 同上，第29页。

6. 荣格，《荣格全集》第4卷，第728段。

7. 荣格，《回忆·梦·思考》，第161页。

8. 同上。

9. 荣格，《荣格全集》第8卷，第400段。

10. 同上。

11. 荣格，《荣格全集》第8卷，第401段。

12. 同上，第402段。

13. 同上，第367段。

14. 同上，第368段，引自布洛伊勒。

15. 同上，第376段。

16. 同上，第377段。

17. 同上。

18. 同上。

19. 同上，第379段。

20. 同上。

21. 同上。

22. 同上。

23. 同上，第398段。

24. 荣格，《荣格全集》第8卷，第404段。

25. 同上。

26. 同上，第405段。

27. 同上，第406段。

28. 同上。

29. 同上。

30. 同上。

31. 同上，第407段。

32. 同上，第408段。

33. 同上，第415段。

34. 同上。

35. 同上，第416段。

36. 同上。

37. 同上。

第五章 与他人关系中的显像与隐像（人格面具与阴影）

1. 荣格关于邪恶主题的更完整探讨，请参阅由莫瑞·斯坦主编并附有长篇导言的《荣格论邪恶》。

2. 荣格，《荣格全集》第6卷，第799段。

3. 同上。

4. 同上。

5. 同上，第687段。

6. 同上。

7. 荣格，《荣格全集》第6卷，第798段。

8. 同上。

9. 同上。

10. 荣格，《荣格全集》第13卷，第70段。

第六章　通往内心深处之路（阿尼玛和阿尼姆斯）

1. 荣格，《回忆·梦·思考》，第185—188页。

2. 同上，第186页。

3. 摘自荣格的“幻象研讨会”，引自《回忆·梦·思考》，第392页。

4. 荣格，《荣格全集》第6卷，第801段。

5. 同上。

6. 同上。

7. 同上，第801段。

8. 同上。

9. 同上，第802段。

10. 《纽约客》1996年9月9日第34页报道了这一观点，当时总统候选人正在为即将到来的选举做准备。

11. 荣格，《荣格全集》第6卷，第804段。

12. 同上。

13. 同上。

14. 同上。

15. 同上。

16. 荣格，《荣格全集》第6卷，第804段。

17. 同上。

18. 荣格，《荣格全集》第17卷，第338段。

19. 荣格，《荣格全集》第9卷（下），第26段。

20. 同上，第41段。

21. 同上，第42段。

22. 同上。

23. 荣格，《荣格全集》第16卷，第521段。

24. 荣格，《荣格全集》第9卷（下），序言第29段。

第七章 心灵的超越性中心与整体（自性）

1. 荣格，《回忆·梦·思考》，第170—199页。

2. 同上，第378页。

3. 同上，第379页。

4. 荣格对这一非凡事件的描述见《回忆·梦·思考》，第189—191页。

5. 荣格，《回忆·梦·思考》，第195—197页。

6. 同上，第199页。

7. 荣格，《荣格全集》第9卷（下），第57—58段。

8. 同上，第59段。

9. 同上。

10. 同上。

11. 荣格，《荣格全集》第9卷（下），第60段。

12. 荣格，《荣格全集》第9卷（下），第60段。

13. 同上，第351—357段。

14. 同上，第351段。

15. 同上，第357段。

16. 同上，第355段。

第八章　自性的显现（自性化）

1. 荣格，《荣格全集》第8卷，第778段。

2. 同上，第550段。

3. 同上，第769段。

4. 荣格，《荣格全集》第9卷（上），第290—354页。

5. 荣格，《荣格全集》第13卷，第199—201页。

6. 《寻找灵魂的现代人》是荣格1933年出版的一部著作。

7. 荣格，《拙火瑜伽心理学》。

8. 该卷于1952年出版，名为《自然与心灵》（*Naturerklärung und Psyche*）。

9. 荣格，《荣格全集》第13卷，第248—249段。

10. 荣格，《荣格全集》第10卷，第437—455段。

11. 荣格，《荣格全集》第9卷（上），第275—289段。

12. 同上，第290—354页。

13. 同上，第520段。

14. 同上，第221 段。

15. 同上，第522段。

16. 同上，第523段。

17. 荣格，《荣格全集》第9卷（上），第525段。

18. 这一系列的精美的彩色绘画见《荣格全集》第9卷（上），第292页及其后。

19. 同上，第538段。

20. 同上。

21. 同上。

22. 同上。

23. 同上，第544段。

24. 同上，第548段。

25. 同上，第545段。

26. 同上，第548段。

27. 同上，第550段。

28. 同上，第549段。

29. 同上，第556段。

30. 荣格，《荣格全集》第9卷（下），第410段。

31. 同上，第355段。

32. 同上，第410段。

第九章　论时间与永恒（共时性）

1. 他还对鬼魂和骚灵现象的存在证据感兴趣，这无疑是一种边缘现象。接着，他注意到心灵（内在）和客体（外在）之间的特殊关系，如当他们听到弗洛伊德书房里的一个木质书架的爆裂声时，他在弗洛伊德面前所提到的“催化的外化现象”（catalytic exteriorization phenomenon）。他在《回忆·梦·思考》中提到了这一点，见第155页。

2. 荣格，《荣格全集》第8卷，第843段。

3. 同上，第515段。

4. 这篇文章见《荣格全集》第8卷，第419—519页。

5. 荣格，《荣格书信集》第2卷，第108—109页。

6. 荣格，《荣格全集》第8卷，第840段。

7. 同上，第439段。

8. 同上。

9. 同上，第440段。

10. 同上。

11. 同上。

12. 同上。

13. 同上，第850段。

14. 同上。

15. 同上，第870段。

16. 同上，第850段。

17. 同上，第960段。

18. 同上，第962段。

19. 同上，第964段。

20. 同上，第965段。

21. 同上。

术语表

阿尼玛：男性无意识中永恒女性的原型意象，在自我意识和集体无意识之间形成了一种联结，并潜在地打开了一条通往自性的道路。

阿尼姆斯：女性无意识中永恒男性的原型意象，在自我意识和集体无意识之间形成了一种联结，并潜在地打开了一条通往自性的道路。

原型：一种先天潜在的想象、思维或行为模式，可以在任何时间、任何地点的人类中发现。

原型意象：人类共有的一种心理、精神或行为模式。原型意象存在于个人的梦境和文化素材中，如神话、童话和宗教象征中。

补偿：自我意识和无意识寻求内平衡的动态自我调节过程，这也促进了自性化和朝向整体性的渐进运动。

情结：个人无意识中以情感为基调的自主内容，通常是由心理伤害或创伤造成。

自我：意识的中心，即“主我”（I）。

自我意识：心灵的一部分，由容易觉知到的思想、记忆和情感组成，其中心是自我，即“主我”。

外倾：一种习惯性的意识态度，倾向于主动参与，而不是密切审视客体。

意象：客体的心理表征或意象，如同（客体）的根源，不能与实际客体混淆。

自性化：意识觉察整体性的心灵发展过程，不要与个体主义相混淆。

本能：一种先天的、以身体为基础的心灵能量（或力比多）的来源，在心灵中由原型形象所形塑和构建。

内倾：一种习惯性的意识态度，倾向于内省和密切审视与客体的关系。

力比多：可与“心灵能量”互换，与“生命力”的哲学概念有密切联系。力比多可以量化和测量。

神经症：自我意识中一种僵化片面的习惯性态度，它防御性地、系统地将无意识内容排除在意识之外。

人格面具：个人与社会之间构成一个人社会身份的心灵界面。

投射：无意识心灵内容的外化，有时出于防御目的（如阴影），有时出于发展和整合目的（如阿尼玛和自性）。

心灵：一个涵盖了意识、个人无意识和集体无意识等领域的术语。集体无意识有时被称为客观心灵，因为它不是个人或个体的。

类心灵：一个形容词，指心灵的边界，其中一边与身体和物质世界相连，另一边与“精神”领域相连。

心理类型：将两种态度类型（外倾或内倾）之一与4种功能（思维、情感、感觉或直觉）之一结合，形成的独特的自我意识习惯性倾向。

精神病：自我意识被无意识淹没，且常常通过认同一个原型意象来寻求自我保护的一种占有状态。

自性：所有原型意象的中心和源泉，也是朝向结构、秩序和整合的先天心灵倾向的中心和源泉。

阴影：人格中被拒绝和不被接受的部分，被压抑后形成对自我的理想自性和人格面具的补偿结构。

共时性：两起事件有意义的巧合，一件是内在的和心灵世界的，另一件是外在的和物理世界的。

超越功能：通过解梦和积极想象在自我意识和无意识之间建立的心灵联系，因而对后半生的自性化至关重要。

无意识：位于意识觉知之外的那部分心灵。无意识内容由被压抑的记忆和材料构成，比如思想、意象和情绪，这些从来都不是有意识的。无意识分为个人无意识和集体无意识，前者包括情结，后者包括原型意象和本能群体。

整体性：在人一生中不断发展出现的心理复杂性和完整性意识。

参考文献

1.Burnham,J.S. and McGuire,W.(eds.).1983.*Jelliffe:American Psychoanalyst and Physician*. Chicago:University of Chicago Press.

2.Clark,J.J. 1992. *In Search of Jung*. London and New York:Routledge.

3.Csikszentmihalyi,M. 1990. *Flow*. New York:Harper and Row.

4.Dieckman,H. 1987. On the theory of complexes. In *Archetypal Processes in Psychotherapy*(eds. N. Schwartz-Salant and M. Stein). Wilmette,IL.:Chiron Publications.

5._________. 1988. Formation of and dealing with symbols in borderline patients. In *The Borderline Personality in Analysis*(eds. N.Schwartz-Salant and M.Stein). Wilmette,IL.:Chiron Publications.

6.Ellenberger,H. 1970. *The Discovery of the Unconscious*. New York:Basic Books.

7.Erikson,E.1968. *Identity,Youth,and Crisis*. New York:Norton.

8.Fordham,F. 1953. *An Introduction to Jung's Psychology*. Baltimore:Penguin Books.

9.Fordham,M. 1970. *Children as Individuals*. New York:Putnam.

10.__________. 1985. *Explorations Into the Self*. London:Academic Press.

11.Hannah,B. 1976. *Jung,His Life and Work*. New York:G.P. Putnam's Sons.

12.Henderson,J. 1990. Cultural attitudes and the cultural unconscious. *In Shadow and Self*. Wilmette,IL.:Chiron Publications.

13.Hogenson,G. 1994. *Jung's Struggle with Freud*. Wilmette:Chiron

Publications.

14.Jacobi,J. 1943. *The Psychology of C.G. Jung*. New Haven, Conn.:Yale University Press.

15.James,W. 1902. *Varieties of Religious Experience*. New York:Longmans,Green, and Co.

16.___________. 1950. *The Principles of Psychology*. New York: Dover.

17.Jung,C.G. Except as below,references are to the *Collected Works*(*CW*)by volume and paragraph number.

18.___________. 1961. *Memories,Dreams,Reflections*. New York: Random House.

19.__________. 1973. *Letters*,vol. 1. Princeton:Princeton University Press.

20.__________. 1974. *The Freud/Jung Letters*. Princeton:Princeton University Press.

21.__________. 1975. *Letters*,vol. 2. Princeton:Princeton University Press.

22.___________. 1977. C.G. *Jung Speaking*. Princeton:Princeton University Press.

23.___________. 1983. *The Zofingia Lectures*. Princeton:Princeton University Press.

24.___________.1991. *Psychology of the Unconscious*.Princeton: Princeton University Press.

25.Kerr,J. 1993. *A Most Dangerous Method*. New York:Knopf.

26.Maidenbaum,A.(ed.). 1991. *Lingering Shadows:Jungians, Freudians and Anti-Semitism*. Boston:Shambhala.

27.McGuire,W.(ed.) 1974. *The Freud/Jung Letters*.Princeton: Princeton University Press.

28.Noll,R. 1989. Multiple personality,dissociation,and C.G. Jung's complex theory. *In Journal of Anaytical Psychology* 34:4.

29.________. 1993. Multiple personality and the complex theory. *In Journal of Analytical Psychology* 38:3.

30.________. 1994. *The Jung Cult.* Princeton:Princeton University Press.

31.Rieff,P. 1968. *Triumph of the Therapeutic*. New York:Harper and Row.

32.Samuels,A.1992.National psychology,National Socialism,and analytical Psychology:Reflections on Jung and anti-semitism,Pts. I,II. In *Journal of Analytical Psychology* 37:1 and 2.

33.________. 1993. New material concerning Jung,anti-Semitism, and the Nazis.In *Journal of Analytical Psychology* 38:4,pp. 463-470.

34.Satinover,J. 1995. Psychopharmacology in Jungian practice. In *Jungian Analysis* (ed. M. Stein),pp. 349-371. LaSalle,IL:Open Court.

35.Stevens,A.1982. *Archetypes:A Natural History of the Self.* New York:William Morrow and Co.

36.Stein,M. (ed.). 1995. *Jung on Evil*. Princeton: Princeton University Press.

37.Tresan,D.1995.Jungian metapsychology and neurobiological

theory:auspicious correspondences."In *IAAP Congress Proceedings* 1995. Einsiedeln:Daimon Verlag.

38.von Franz,M.L. 1971. The inferior function. In *Jung's Typology.* Dallas:Spring Publications.

39.Wehr,G. 1987. *Jung,A Biography*. Boston:Shambhala.